# CONTENTS

KB244790

# 가방

**1**

**2**

1의 안감은 프린트 원단, 2는 무지를 사용했습니다.

1・2 **턱이 들어간 그래니 백**

입구의 절개라인 아래에 턱을 넣어 모양이 예쁜 그래니 백. 1은 알파벳 와펜을 포인트로, 2는 스트라이프와 꽃 자수 원단을 적절하게 매치했습니다.

만드는 방법  **34** 페이지

3

### 3 둥근 손잡이 백

무지 리넨에 도트 무늬 프린트의 배색이 잘
어울리는 둥근 손잡이 백. 무심한 듯 자연스럽
게 달린 라벨이 포인트입니다.

만드는 방법  35 페이지

가방

4

**4　미니백**

지갑. 휴대전화 등을 넣어 들고 다
니기에 딱 좋은 미니백은 런치 타임
이나 잠깐 외출할 때 사용하기에 편
리합니다. 핸드스티치가 들어간 턱
이 포인트입니다.

만드는 방법 **36** 페이지

안감은 귀여운 꽃무늬

5의 안감은 프린트 무늬,
6은 깅엄체크 원단을 사용했습니다.

## 5·6  **바이어스테이프를 사용한 그래니 백**

사랑스러운 모양의 그래니 백은 바이어스 처리를 하여 손잡이를 만들었습니다. 5는 레이스를 달아 귀여운 분위기로 만들었습니다.

만드는 방법  페이지

5

6

## 7 묶는 손잡이 백

손잡이를 한 번 꽉 묶은 세련된 디자인의 백. 폭이 넓기 때문에 수납력이 좋아 도시락 가방으로 사용해도 좋습니다.

만드는 방법  40 페이지

## 8  포셰트(Pochette)

지퍼가 달린 포셰트는 여행지에서도 안심하
고 사용할 수 있어 여행갈 때 추천합니다.
안감의 프린트에 맞춘 카키색과 오렌지색의
배색도 멋스럽습니다.

만드는 방법 42 페이지

8

안감은 작은 새와 작은 꽃무늬의 프린트 원단

가방

스트라이프 무늬를 겉으로 하여 숄더백으로.

어깨끈을 안으로 넣으면 토트백이 됩니다.

## 9 3way백

체크와 스트라이프 무늬의 양면 백은 그 날의
기분에 따라 골라 쓸 수 있어 편리합니다.
어깨에 메거나 크로스로 메도 되고 손으로
들어도 모두 멋스럽습니다.

 만드는 방법 **43** 페이지

## 10 · 11  **마린백**

타원 바닥의 동글동글한 모양이 귀여운 마린
풍의 백. 10은 토트백 타입, 11은 비스듬하게
메는 타입으로 어깨끈은 면끈을 사용했습니
다.

만드는 방법(10) **44** 페이지
만드는 방법(11) **45** 페이지

10은 안감에 닻무늬. 11은 무지를 사용했습니다.

12

13

## 12 · 13 **지퍼 파우치**

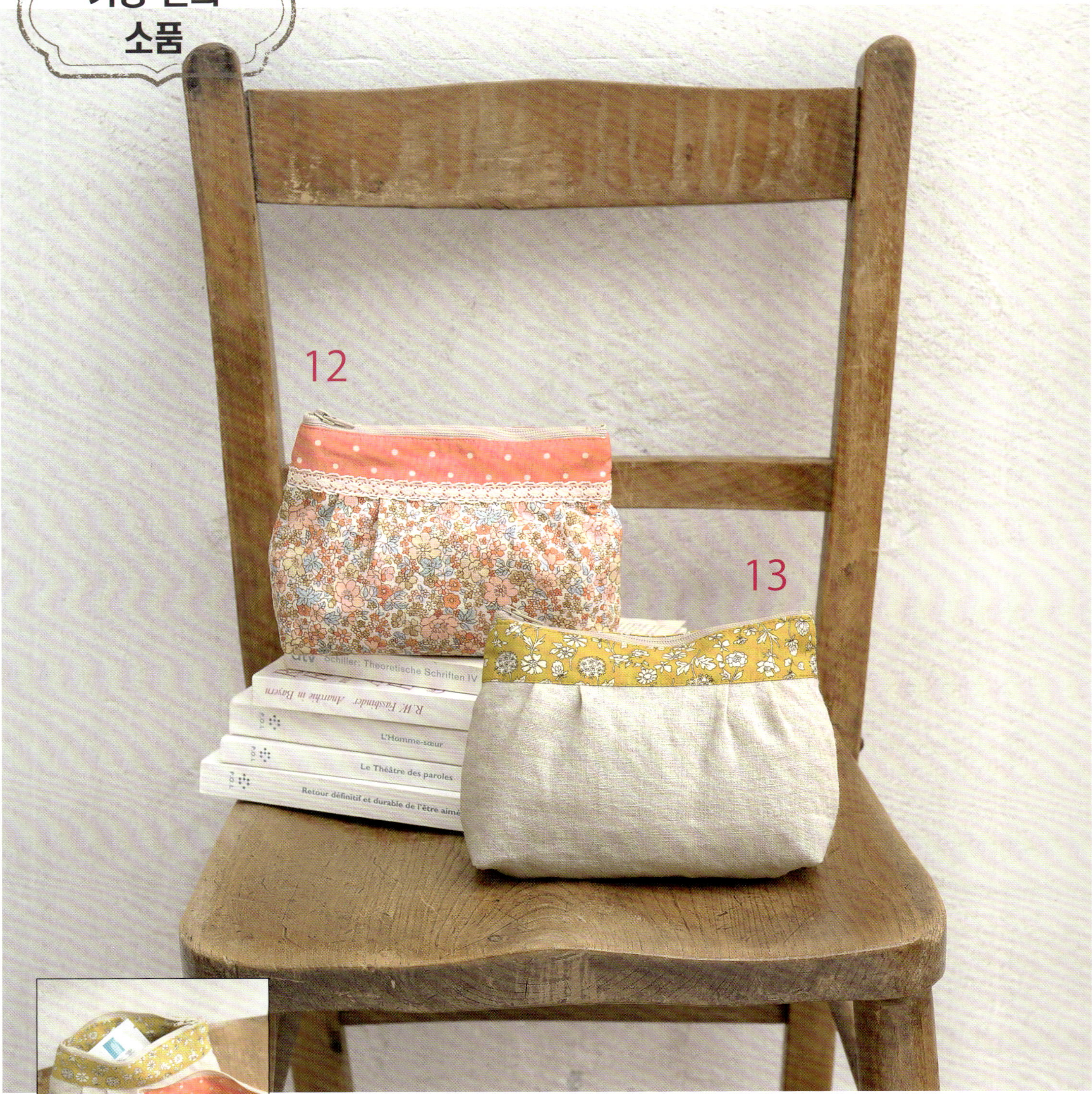

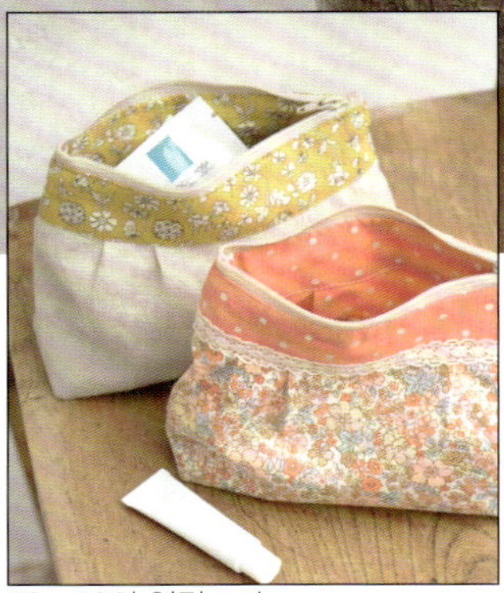

화장품이나 핸드크림 등 매일 가지고 다니는
것을 마음에 드는 파우치에 넣어 보세요. 12
는 레이스를 포인트로, 13은 노란색의 프린트
원단을 매치했습니다.

만드는 방법  페이지

12 · 13의 열린 모습.

14

15

## 14 · 15 **프레임 파우치**

프레임에 손잡이를 단듯한 귀여운 모양의 파
우치는 지갑으로도 사용할 수 있습니다. 레트
로한 분위기의 무늬와 디자인이 매력적입니
다.

만드는 방법  **47** 페이지

14 · 15의 열린 모습.

반대쪽에는 같은 원단으로 만든
바깥 주머니를 달았습니다.

16

안에 칸막이가 없는 바구니백에는
백in백이 필요합니다.

### 16  백in백

백in백은 지갑이나 휴대전화 등 중요한 것을
정리할 때 딱인 아이템입니다. 바깥 주머니에
버스 카드 등을 넣으면 편리하기 때문에 실용
적으로 사용할 수 있습니다.

만드는 방법  48 페이지

## 17·18 휴대용 티슈 케이스

17은 티슈의 더블 수납 타입으로 꽃가루가 날리는 계절에 추천합니다. 18은 티슈 주머니와 반창고 등을 넣어 두는 주머니가 달린 디자인. 둘 다 적은 양의 원단으로 만들 수 있습니다.

만드는 방법(17) 🛍 **50** 페이지
만드는 방법(18) 🛍 **51** 페이지

17·18의 펼친 모습.

## 19·20·21 주머니

마음에 드는 원단으로 많이 만들어 두고 싶은 주머니. 20처럼 무늬 원단과 무지 원단을 배색하면 고급스러운 느낌으로 제작할 수 있습니다. 19, 21처럼 서로 다른 무늬끼리 조합할 때는 같은 계열의 색으로 배색하면 멋스럽게 완성됩니다.

만드는 방법 🛍 **49** 페이지

**22 · 23** 트래블 케이스

2단 지퍼의 트래블 케이스는 여행하며 늘어
가는 티켓이나 팸플릿 수납에 꼭 필요한 아이
템. 여권 등의 중요한 물건은 얕은쪽 주머니에
넣으면 편리합니다. 나눠서 사용할 수 있어 매
력적입니다.

만드는 방법  **52** 페이지

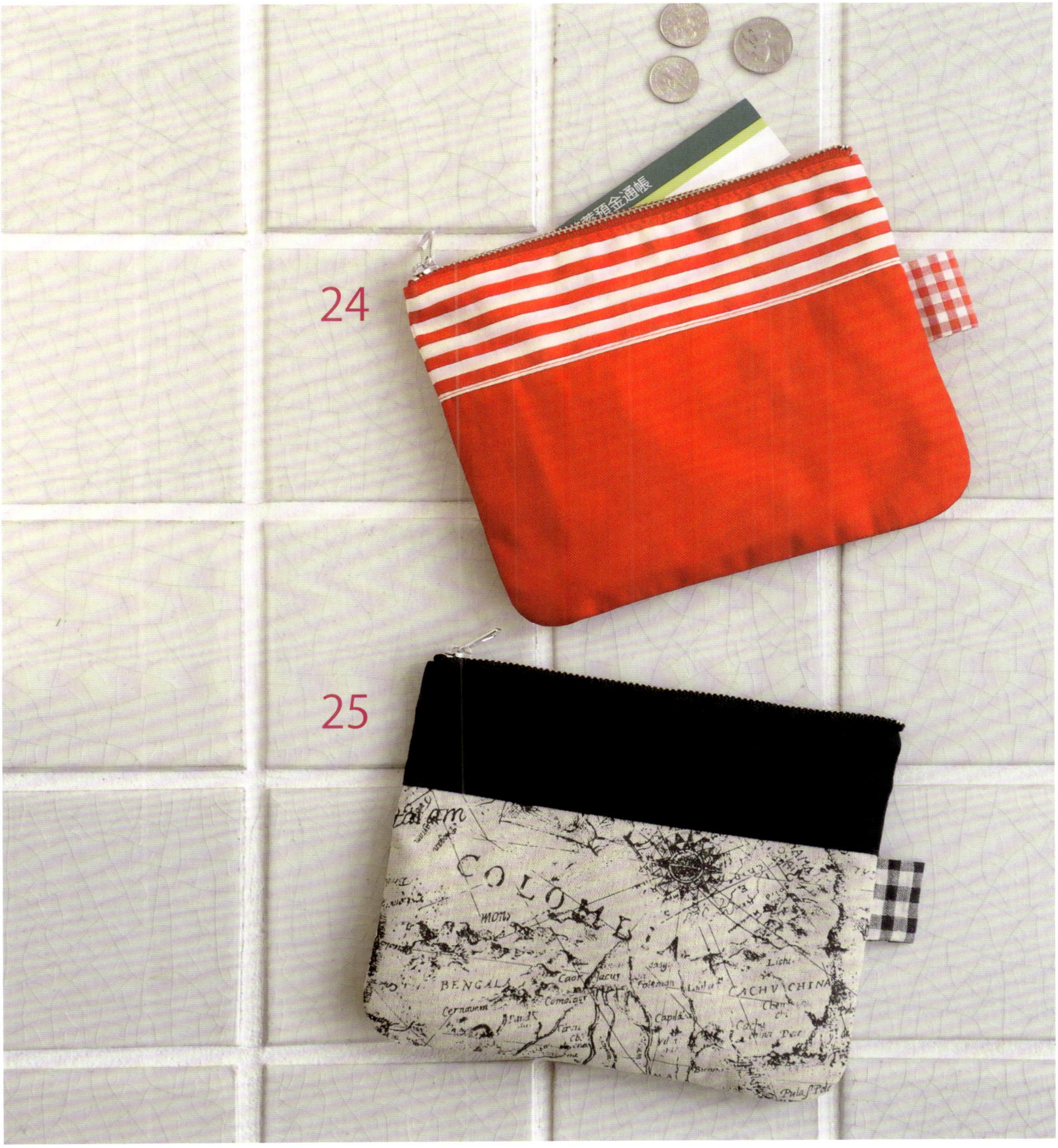

24・25 **프리 케이스**

약이나 카드 수납 등 다목적으로 사용할 수 있는 프리 케이스는 몇 개 있어도 편리합니다. 통장이 딱 들어가는 크기입니다.

만드는 방법 53 페이지

가방 안의 소품

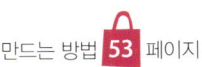

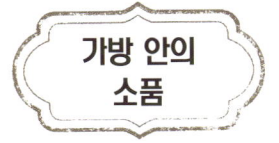

26          27

### 26 · 27  북 커버

내추럴한 분위기가 매력인 리넨으로 만든 북
커버. 끈을 돌돌 감는 디자인이 멋스럽습니다.
책갈피로 사용할 수 있는 끈도 달아 주었습니
다.

만드는 방법 **54** 페이지

26 · 27의 펼친 모습.

## 28・29 펜슬케이스

모던한 펜슬케이스는 안에 꽃무늬 원단을
사용했기 때문에 열면 귀여운 분위기가 연출
됩니다. 지퍼는 위에서 봉합하고, 양 끝에는
스웨이드 테이프로 포인트를 주었습니다.

만드는 방법 **55** 페이지

28・29의 열린 모습.

28

29

## 멋스러운 소품

### 30 · 31 · 32  포니 헤어 고무줄

30은 말아서 만든 장미꽃을 2개 겹쳤습니다. 31, 32는 원단을 길게 자른 테이프를 말고 중심을 고정하고 나서 주변을 잘라 만듭니다. 자르기만 하면 되는 간단한 아이템입니다.

만드는 방법 **56** 페이지

31

32

30

**33**

**34**

**35**

## 33 · 34 슈슈

헤어스타일을 화려하게 만들어 주는 슈슈. 원
단을 원통으로 봉합하고 안에 고무줄을 넣으
면 간단하게 완성됩니다. 33은 심플하게, 34
는 리본을 달아 변형한 디자인입니다.

## 35 2way 슈슈

테두리를 레이스로 장식한 두 가지 방법으로
사용할 수 있는 슈슈. 고무줄 통로 입구를 미
리 만들어 두고, 안의 고무줄을 잡아당겨 꺼내
면 포니타입의 헤어 고무줄로 사용할 수 있습
니다.

고무줄을 꺼내서 꽃 같은 모양으로.

만드는 방법 **57** 페이지

만드는 방법 **58** 페이지

37

36

38

40

39

**36・37  목걸이&팔찌**

작은 꽃무늬의 자투리천으로 요요 퀼트를 만
들어 목걸이와 팔찌를 만들었습니다. 비즈와
끈을 조합하여 세련된 분위기로 연출했습니
다.

만드는 방법  페이지

**38・39・40  헤어핀&바레트(Barrette)**

헤어핀은 요요 퀼트의 모티브를 1개씩, 바레
트는 3개를 사용했습니다. 중앙에 사용한 펄
비즈가 포인트입니다.

만드는 방법 59 페이지

# 멋스러운 소품

### 41 헤어밴드

넓은 폭의 헤어밴드는 턱을 잡아 머리에 쓰거나 그냥 그대로 머리에 써도 좋습니다. 뒤에 고무줄을 사용했기 때문에 머리에 알맞게 조절이 가능합니다.

만드는 방법 **60** 페이지

### 42 장식 칼라

버리기 아까운 레이스 자투리 천은 장식 칼라로 활용해 보세요. 앞은 리본을 묶어 청순한 분위기를 연출했습니다. 안은 코튼 오건디를 사용했습니다.

만드는 방법 **61** 페이지

### 43 주머니

카키색의 입구천이 포인트인 타원 바닥의 주머니. 책상에 올려 놓아도 넘어지지
않아 안정감이 있습니다. 44·45를 넣어 수납해 두기에 편리합니다.

### 44 시계 쿠션

의외로 둘 곳이 마땅치 않은 손목시계. 귀여운 쿠션을 만들어 보관하세요. 시계가
움직이지 않도록 솜을 가득 채우는 것이 포인트입니다.

### 45 반지 쿠션

반지도 손목시계와 같이 쿠션을 만들어 보관해 두면 편리합니다. 여러 개 만들어
반지를 타입별로 분리해 두면 분실방지에도 유용합니다.

만드는 방법(43) **62** 페이지

만드는 방법(44) **63** 페이지

만드는 방법(45) **63** 페이지

47

48

46

단추를 풀어 납작해진 모습

46 · 47 · 48  **트레이**

액세서리나 소잉 부자재 등 소소한 것을 정리
하기 편리한 트레이. 단추를 풀면 납작해지기
때문에 여행갈 때 들고 가도 좋은 아이템입니
다.

만드는 방법 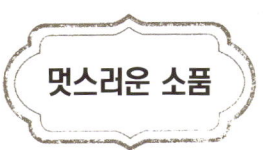 페이지

멋스러운 소품

## 49

**49  도시락 주머니**

안정감이 뛰어난 손잡이가 달
린 도시락 주머니. 작은 꽃무
늬와 깅엄체크의 조합이 식사
를 즐겁게 해줄 것 같습니다.

만드는 방법 **65** 페이지

## 50

**50  수저 주머니**

49와 맞춰 같은 원단으로 만
든 수저 주머니. 젓가락의 길
이에 맞춰 덮개를 접고 끈으
로 감아 사용합니다.

만드는 방법 **66** 페이지

51

52

52를 펼친 모습

**51 물병 케이스**

퀼팅솜을 넣어 폭신폭신하게
만든 물병 케이스. 와펜을 다
리미로 접착하는 것만으로 바
텐레이스를 단 것처럼 고급스
러움이 느껴집니다.

만드는 방법  **67** 페이지

**52 도시락 커버**

펼치면 산뜻한 스트라이프가
등장하는 멋스러운 도시락 커
버. 네모난 원단을 2장 맞춰
봉합하고 와펜과 묶는 끈을
달기만 하면 간단하게 완성
됩니다.

만드는 방법 **66** 페이지

53

54

**53 룸슈즈**
퀼팅솜을 넣어 푹신하게 만든 룸슈즈는 착용감이 뛰어납니다. 꽃무늬와 스트라이프의 조합이 귀여운 분위기를 연출합니다.

**54 슬리퍼**
안쪽에 사용한 무지 부분은 리넨 소재이기 때문에 맨발로 신어도 산뜻하고 기분 좋습니다. 슬리퍼도 퀼팅솜을 넣어 만들었습니다.

만드는 방법(53) **68** 페이지
만드는 방법(54) **69** 페이지

## 55  티슈케이스 커버

티슈를 꺼내는 입구에 사용한 레이스가 멋스러운 티슈케이스 커버. 양쪽 끝에 작은 도트 무늬 프린트로 포인트를 주었습니다.

만드는 방법 **70** 페이지

55

뒷면은 원단을 살짝 겹쳐서
입구를 간단하게 만들었습니다.

## 56 · 57  쿠션 커버

여러 가지 자투리 천을 연결하여 만든 패치워크풍의 쿠션 커버. 56은 블루컬러 계열의 원단, 57은 내추럴컬러 계열의 원단으로 연출했습니다.

만드는 방법 **71** 페이지

56

57

58

**58 미니 에이프런**

무지와 스트라이프, 도트 무늬와 프린트 4종
류의 원단을 매치한 세련된 미니 에이프런. 주
머니는 실용성과 장식성을 겸비하고 있습니
다.

만드는 방법 **72** 페이지

## 59 팔토시

깅엄체크에 작은 꽃무늬로 포인트를 준 귀여
운 팔토시. 손목 쪽을 좁게 하여 팔에 알맞게
피트시킨 깔끔한 디자인입니다.

만드는 방법 **73** 페이지

59

60

## 60 먼지떨이

5종의 자투리천을 본드로 붙여 간단하게 만
들 수 있는 먼지떨이. 원단의 올이 풀리지 않
도록 바이어스 방향으로 재단하는 것이 포인
트입니다.

만드는 방법 **73** 페이지

# 주방 소품

63의 안쪽면은
꽃무늬 원단을 사용했습니다.

주머니에 손을 넣어
주방 장갑으로

61                          62

**61・62  주방 장갑**

주방 장갑은 두꺼운 퀼팅솜을 사용하여 폭신
폭신하게 만들었습니다. 마음에 드는 원단으
로 만들면 요리도 즐거워집니다.

만드는 방법 **74** 페이지

**63  냄비 받침**

꽃무늬와 스트라이프를 매치한 냄비 받침. 주
머니에 손을 넣어 주방 장갑으로도 사용할 수
있습니다.

만드는 방법 **74** 페이지

63

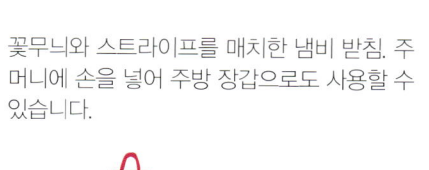

64

65

66

67

## 64 봉투 보관용 스토커

리넨과 코튼 레이스의 조합이 부엌을 멋스럽
게 연출합니다. 바닥에 핸드스티치를 해주면
모양이 흐트러지지 않습니다.

만드는 방법 76 페이지

## 65 · 66 · 67 연결식 월포켓

갯수를 늘릴 수 있는 월포켓은 세로로 연결
해서 사용해도 좋고 한 개씩 사용해도 좋습니
다. 연결끈을 벨크로로 고정하기 때문에 자유
롭게 조합할 수 있습니다.

만드는 방법 77 페이지

68

69

70

68 · 69 · 70의 펼친 모습

**68 · 69 · 70** **축의금 파우치**

새뱃돈이나 마음을 표현하는데 축의금 파우치를 사용하는 건 어떠세요? 지폐를 종이에 싸서 넣으면 특별한 연출이 됩니다. 받은 사람은 소품을 담는 등 다양하게 활용할 수 있습니다.

만드는 방법 **78** 페이지

71

72

71 · 72의 펼친 모습

**71 · 72** **축의금 봉투**

71 · 72는 68~70보다 조금 큰 사이즈로 지폐를 접지 않고 넣을 수 있습니다. 입학이나 취직, 결혼 등 축하해야 할 때 카드와 함께 넣어보세요. 정성어린 선물이 됩니다

만드는 방법  **78** 페이지

# 만들기 전에 알아야 할 것들

## 제도 기호

| 완성선 | 안내선 | 골선으로 재단하는 선 | 접는선 | 단추 |
|---|---|---|---|---|
| —————— | ————————— | ——  —— | —  —  — | ◯ |

| 원단의 방향 (화살표 방향이 식서) | 등분선 · 동치수를 가리킨다 | 턱을 잡는 방법을 가리킨다 |
|---|---|---|
| ⟵——————⟶ | ⋯⋯⋯⋯⟶ | b ╱╱╱ a  ➡  b a |

## 제도 보는 방법과 재단하는 방법

이 책의 제도 · 패턴에는 시접이 포함되어 있지 않습니다. 시접양은 만드는 방법 페이지에 기재되어 있기 때문에 설명에 따라 시접을 주어 원단을 재단해 주세요.

**설명 예**

◆ 제도에는 시접이 포함되어 있지 않습니다.
　◯안의 숫자만큼 시접을 주어 원단을 재단해 주세요.

◆ 제도에는 시접이 포함되어 있지 않습니다.
　1cm의 시접을 주어 원단을 재단해주세요.

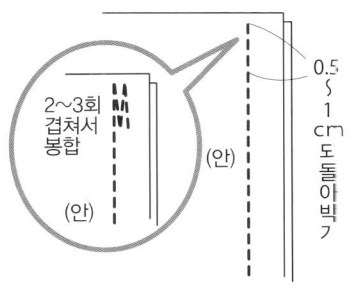

제도
시접 없이 자른다 또는 ⓪
바이어스 처리
16
몸판 (겉감 1장)
① ①
골선
3 　 3
20

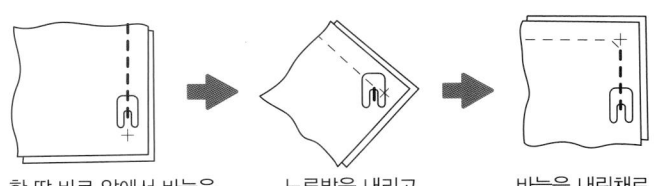

바이어스 테이프로 감싸 봉합하기 때문에 시접은 필요하지 않습니다.

재단하는 방법
35 cm 폭
몸판
1 　 1
골선
25

## 봉합의 포인트

**✻ 봉합의 시작과 끝**

봉합의 시작과 끝은 되돌아박기를 합니다.
되돌아박기는 같은 미싱땀 위를 2~3회 겹쳐서 봉합하는 것을 말합니다.

2~3회 겹쳐서 봉합 (안) (안)
0.5~1cm 되돌아박기

**✻ 모서리 봉합방법**　모서리의 한 땀을 빼놓고 봉합하면 겉으로 뒤집었을 때 모서리가 예쁘게 나옵니다.

한 땀 바로 앞에서 바늘을 내린채로 노루발을 올리고 원단을 회전시킨다 ➡ 노루발을 내리고 한 땀 비스듬하게 봉합한다 ➡ 바늘을 내린채로 노루발을 올리고 원단을 회전시킨다

## 기본적인 손바느질

**✻ 홈질 (봉합)**

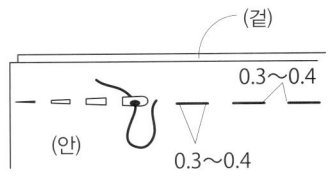

(겉)
0.3~0.4
(안)
0.3~0.4

**✻ 촘촘하게 홈질 (촘촘하게 봉합)**

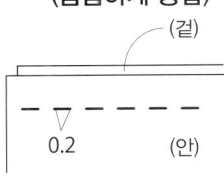

(겉)
0.2 (안)

**✻ 시침질 (큰 땀으로 봉합)**

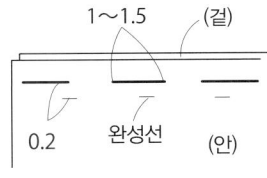

1~1.5 (겉)
0.2 완성선 (안)

**✻ 되돌아박기 (박음질)**

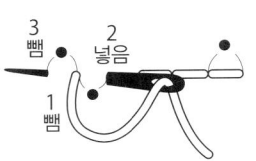

3 뺌
2 넣음
1 뺌

**✻ 공그르기**

바이어스테이프 (겉)
0.3~0.4
(안)

남기고 봉합한 부분을 공그르기한다
0.1
0.3~0.4
(겉)

**✻ 실이 나오지 않도록 공그르기(막는다)**

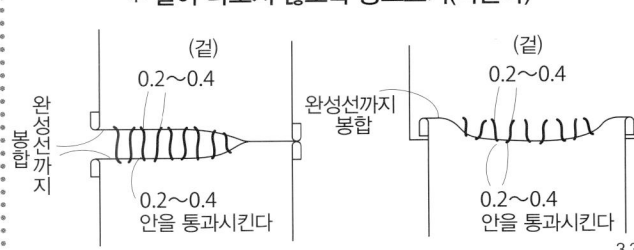

(겉)
0.2~0.4
완성선까지 봉합
0.2~0.4 안을 통과시킨다

(겉)
0.2~0.4
완성선까지 봉합
0.2~0.4 안을 통과시킨다

■ 1의 재료
A천(리넨 · 체크) 50cm폭 50cm
B천(리넨 · 무지) 20cm폭 25cm
안감(코튼 · 꽃무늬) 40cm폭 40cm
접착심 20cm폭 25cm
와펜(접착식) 1장

■ 2의 재료
A천(리넨 · 자수 꽃무늬) 25cm폭 40cm
B천(코튼 · 트윌무지) 30cm폭 30cm
C천(리넨 · 스트라이프) 50cm폭 40cm
안감(리넨 · 무지) 40cm폭 40cm
접착심 20cm폭 25cm

**제도**

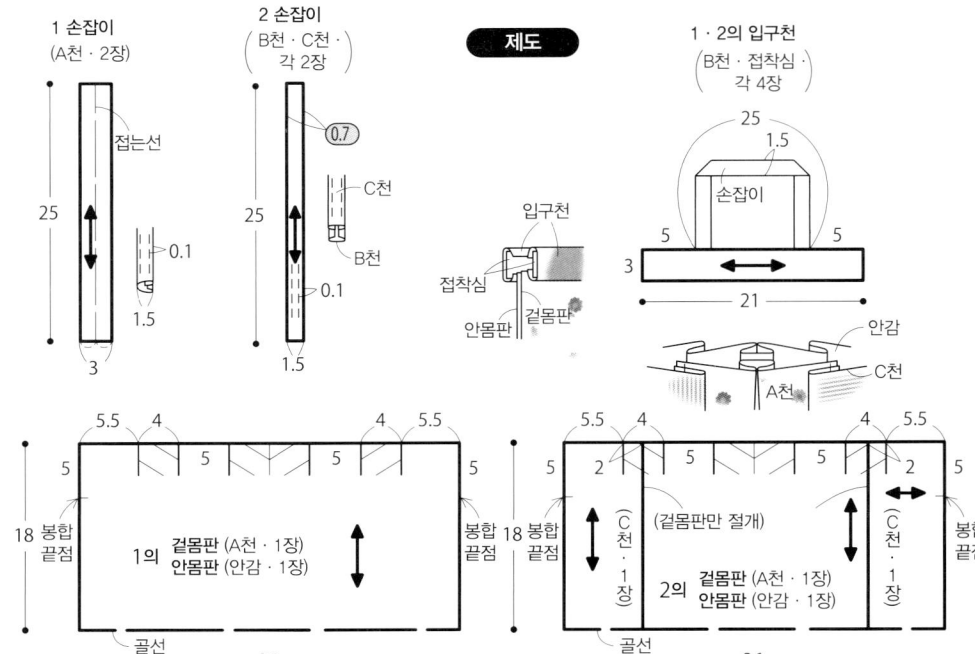

1 손잡이
(A천 · 2장)
접는선
25
3
0.1
1.5

2 손잡이
(B천 · C천 ·
각 2장)
0.7
C천
B천
25
0.1
1.5

입구천
접착심
안몸판
겉몸판

1 · 2의 입구천
(B천 · 접착심 ·
각 4장)
25
1.5
손잡이
5   5
3
21

안감
C천
A천

5.5  4      4  5.5
5      5      5      5
18 봉합
끝점
1의
겉몸판 (A천 · 1장)
안몸판 (안감 · 1장)
봉합
끝점
골선
36

5.5  4      4  5.5
5   2      5      5      2  5
18 봉합
끝점
(겉몸판만 절개)
C천 · 1장
2의
겉몸판 (A천 · 1장)
안몸판 (안감 · 1장)
C천 · 1장
봉합
끝점
골선
36

**만드는 방법**

**1** 절개선을 봉합한다.(2만)

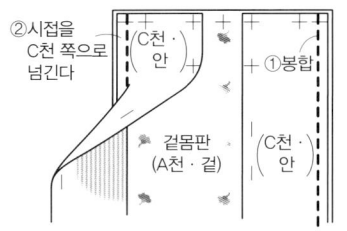

② 시접을
C천 쪽으로
넘긴다
C천 · 안
①봉합
겉몸판
(A천 · 겉)
C천 · 안

**2** 옆선을 봉합한다.(안몸판도 같은 방법)

봉합 끝점
③가윗집
②봉합
겉몸판(안)
①반으로 접음

**3** 겉몸판과 안몸판을 맞춰 봉합한다.

①겉몸판과 안몸판을 겹친다
②봉합
겉몸판(안)
안몸판(안)

**4** 턱을 잡는다.

②겉몸판과 안몸판을 따로 따로 턱을 잡고,
2장을 함께 시접에 임시고정 봉합
안몸판(안)
젖힌다
겉몸판(겉)
①겉으로 뒤집는다

**5** 손잡이를 만든다.

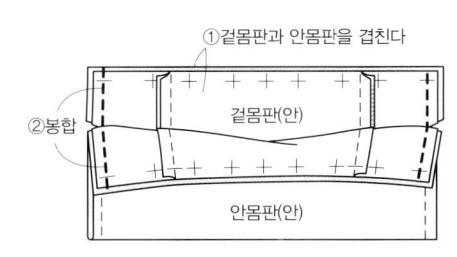

〈2의 경우〉
손잡이
(C천 · 겉)
B천 · 안
②상침
0.1
①완성선에서
접는다

〈1의 경우〉
②반으로
접는다
③0.1
상침
손잡이
(겉)
①완성선에서
접는다

**6** 입구천을 만든다.

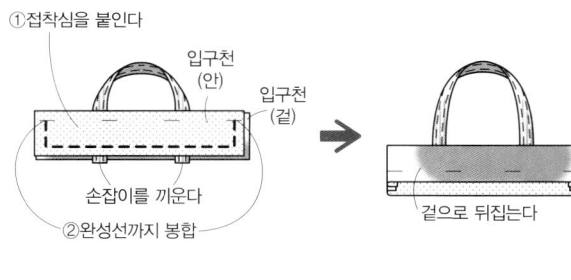

①접착심을 붙인다
입구천
(안)
입구천
(겉)
손잡이를 끼운다
②완성선까지 봉합
겉으로 뒤집는다

**7** 몸판과 입구천을 맞춰 봉합한다.

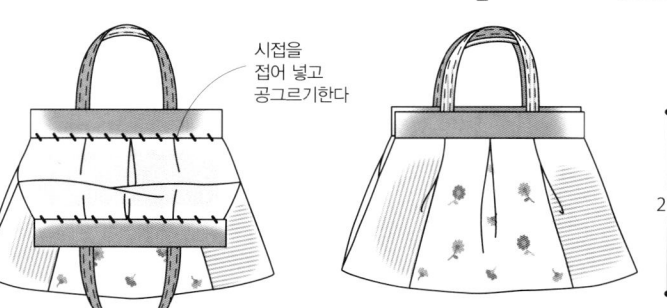

봉합
입구천(안)
젖힌다
손잡이(B천)
겉몸판(겉)

시접을
접어 넣고
공그르기한다

**완성**

2
36

1
21
원하는 위치에 와펜을 붙인다

◆ ○안의 숫자는 시접양입니다. 표시되지 않은 곳은 1cm의 시접을 주어 원단을 재단해 주세요.

**■ 재료**

A천(리넨 · 무지) 70cm폭 30cm
B천(리넨 · 도트 무늬) 15cm폭 30cm
안감(코튼 · 체크) 50cm폭 30cm
장식테이프(20mm폭) 5cm
손잡이(외경 약13cm) 1쌍

**제도**

| 입구천 (A천 · 2장) | |
| --- | --- |
| 12 | |
| 접는선 | 0.4 |

겉몸판 (A천 · 2장)
안몸판 (안감 · 1장)

5 / 0.4 / 5
18
24
봉합 끝점
(겉몸판만 절개)
6 / 0.2 / B천 · 1장
라벨 (장식테이프)
1.5
골선
25

손잡이
A천
공그리기
안감
A천
B천

**만드는 방법** **1** 겉몸판의 절개선을 봉합한다.

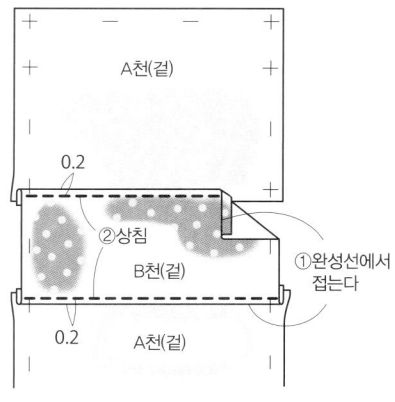

A천(겉)
0.2
②상침
B천(겉)
①완성선에서 접는다
0.2
A천(겉)

**2** 옆선을 봉합한다.(안몸판도 같은 방법)

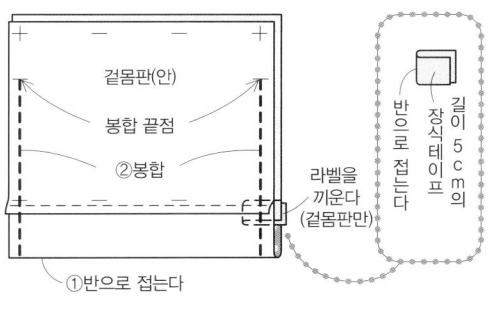

겉몸판(안)
봉합 끝점
②봉합
①반으로 접는다
라벨을 끼운다 (겉몸판만)
길이 5cm의 장식테이프
반으로 접는다

**3** 겉몸판과 안몸판을 맞춰 봉합한다.

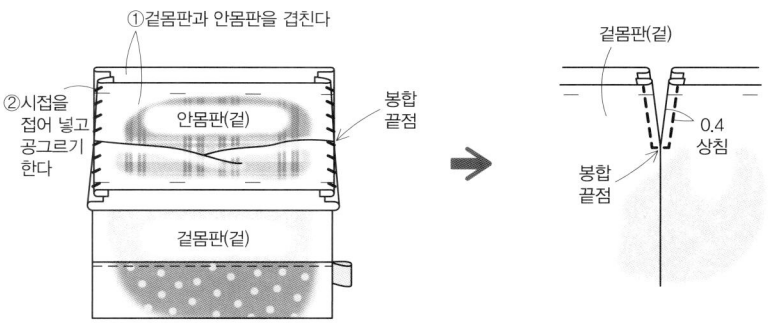

①겉몸판과 안몸판을 겹친다
②시접을 접어 넣고 공그리기 한다
안몸판(겉)
봉합 끝점
겉몸판(겉)

겉몸판(겉)
봉합 끝점
0.4 상침

**4** 입구천을 만들고 몸판과 맞춰 봉합한다.
(다른 한 장도 같은 방법)

상침
0.1 / 0.1
입구천(안)

0.5접음
0.5접음
(안)

봉합
입구천(안)
젖힌다
겉몸판(겉)

**5** 손잡이를 단다.

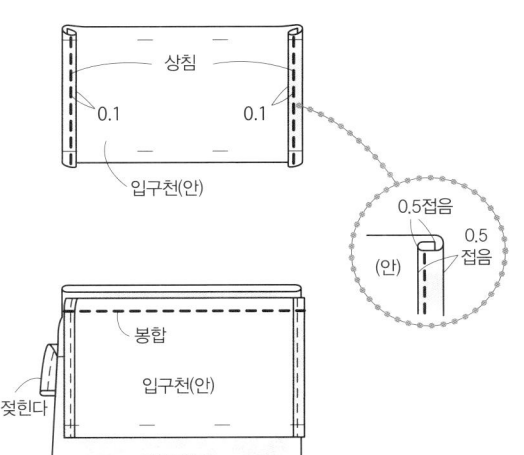

입구천 (겉)
손잡이를 감싸 공그리기 한다
1 / 1
안몸판 (겉)

**완성**

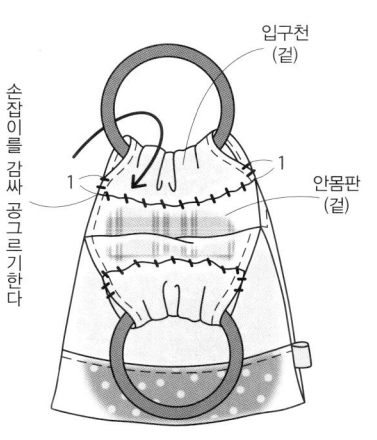

30
25

◆ 제도에는 시접이 포함되어 있지 않습니다. 1cm의 시접을 주어 원단을 재단해 주세요.

■ 재료

겉감(코튼 · 무지) 60cm폭 30cm
안감(코튼 · 꽃무늬) 60cm폭 25cm
자수실(흰색)

●몸판의 실물크기 패턴은 37페이지

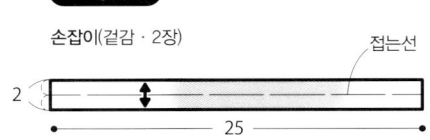

손잡이(겉감 · 2장)                    접는선

2                          25

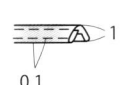

1

0.1

**만드는 방법**

**1** 다트를 봉합하고, 겉몸판과 안몸판을 만든다.

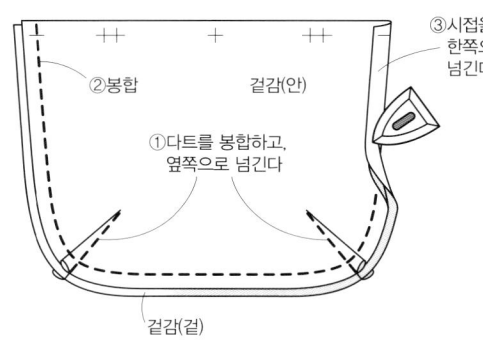

②봉합    겉감(안)
①다트를 봉합하고,
옆쪽으로 넘긴다
③시접을
한쪽으로
넘긴다
겉감(겉)

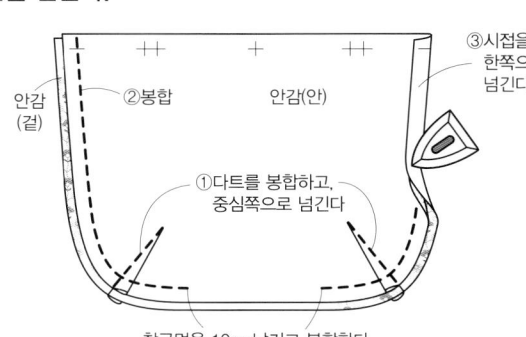

안감
(겉)    ②봉합    안감(안)
①다트를 봉합하고,
중심쪽으로 넘긴다
③시접을
한쪽으로
넘긴다
창구멍을 10cm남기고 봉합한다

**러닝스티치 자수 방법**

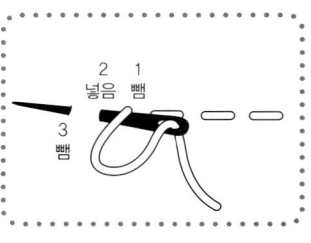

2    1
넣음  뺌
3
뺌

**2** 손잡이를 만들어 단다.

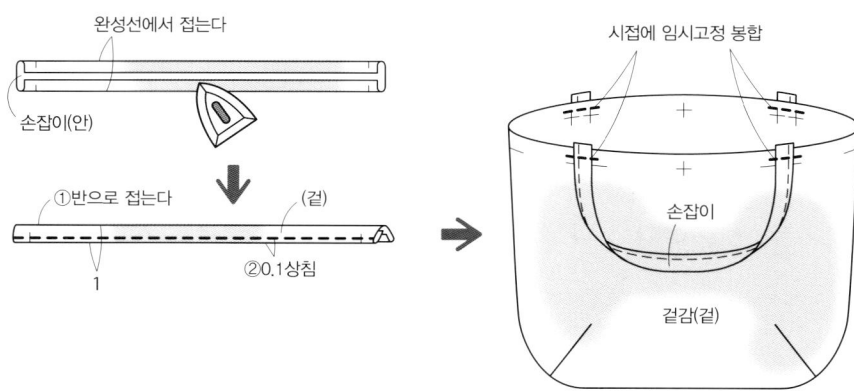

완성선에서 접는다
손잡이(안)
①반으로 접는다    (겉)
1              ②0.1상침

시접에 임시고정 봉합
손잡이
겉감(겉)

**3** 겉몸판과 안몸판을 맞춰 봉합한다.

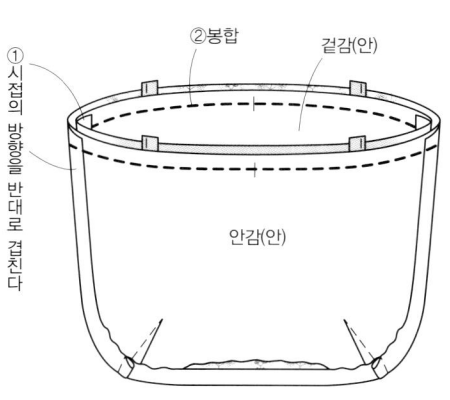

①시접의 방향을 반대로 겹친다
②봉합    겉감(안)
안감(안)

**4** 창구멍과 가방 입구를 봉합한다.

③0.2상침
①겉으로
뒤집는다
안감(겉)
②공그르기

**5** 턱을 봉합한다.

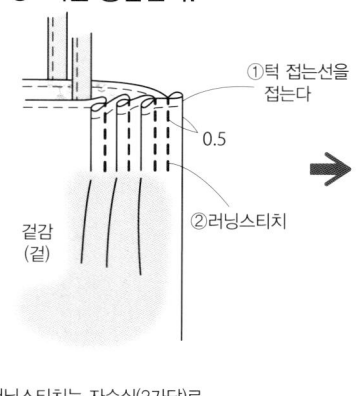

①턱 접는선을
접는다
0.5
겉감
(겉)
②러닝스티치

◆러닝스티치는 자수실(2가닥)로
자수를 합니다.

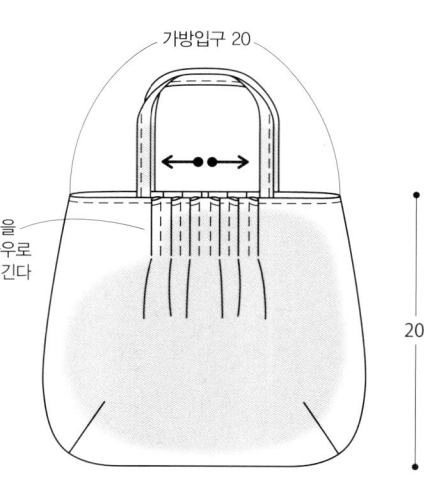

가방입구 20
턱을
좌우로
넘긴다
20

**완성**

◆ 제도에는 시접이 포함되어 있지 않습니다. 1cm의 시접을 주어 원단을 재단해 주세요.

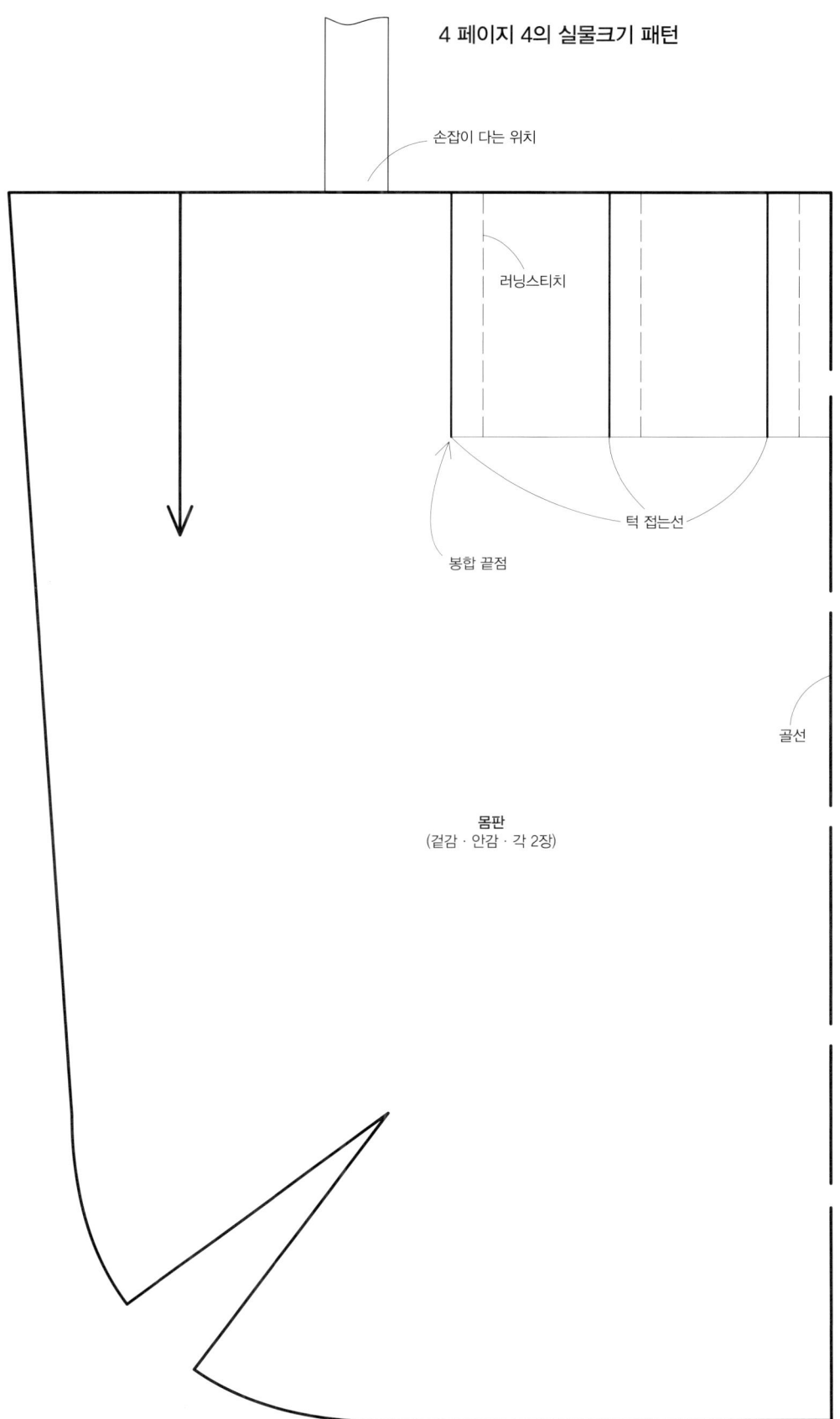

4 페이지 4의 실물크기 패턴

손잡이 다는 위치

러닝스티치

턱 접는선

봉합 끝점

골선

몸판
(겉감 · 안감 · 각 2장)

■ **5·6의 재료** (1개 분)
겉감(코튼 · **5**는 체크 **6**은 꽃무늬) 70cm폭 25cm
안감(코튼 · **5**는 꽃무늬 **6**은 체크) 70cm폭 25cm
바이어스테이프(12mm폭) 1m20cm
**5**의 주름 레이스(30mm폭) 40cm
● **실물크기 패턴은 39페이지**

**만드는 방법**

**1** 손잡이용 바이어스테이프를 봉합한다.(옆선)

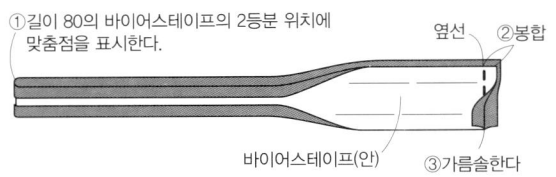

①길이 80의 바이어스테이프의 2등분 위치에 맞춤점을 표시한다.
옆선
②봉합
바이어스테이프(안)
③가름솔한다

**2** 턱을 잡고(안감도 같은 방법) 레이스를 봉합해 단다.(5만)

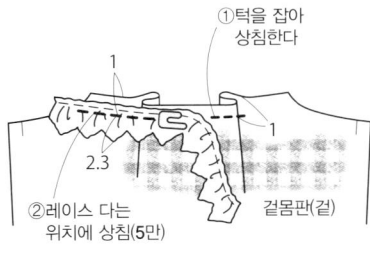

①턱을 잡아 상침한다
1
1
2.3
②레이스 다는 위치에 상침(5만)
겉몸판(겉)

**3** 겉몸판을 만든다.

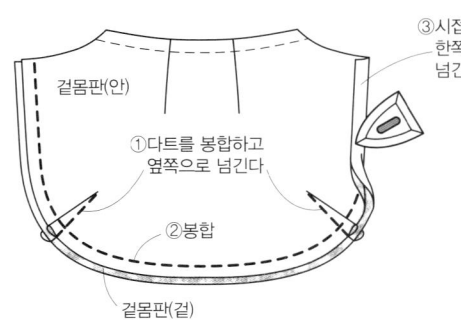

겉몸판(안)
③시접을 한쪽으로 넘긴다
①다트를 봉합하고 옆쪽으로 넘긴다
②봉합
겉몸판(겉)

**4** 안몸판을 만든다.

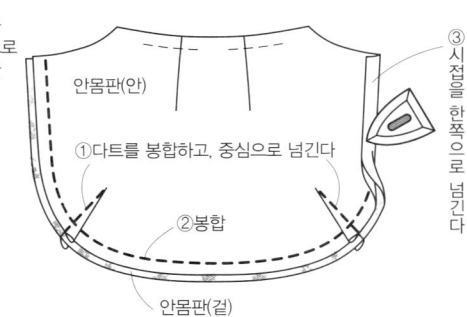

안몸판(안)
③시접을 한쪽으로 넘긴다
①다트를 봉합하고, 중심으로 넘긴다
②봉합
안몸판(겉)

**5** 겉몸판과 안몸판을 겹치고 가방 입구를 바이어스 처리한다.

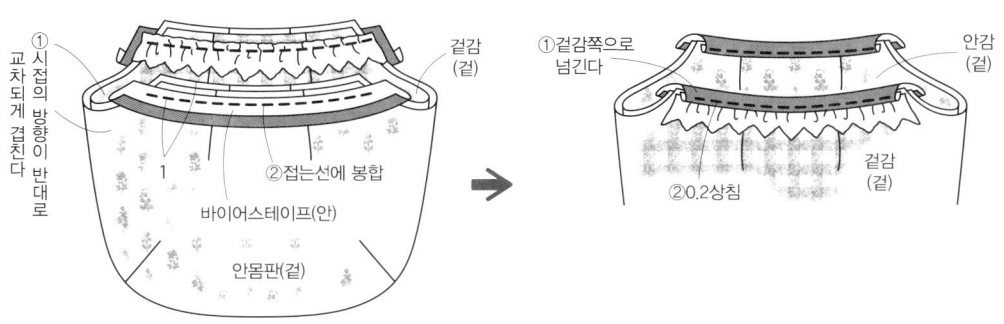

①시접의 방향이 반대로 교차되게 겹친다
1
②접는선에 봉합
바이어스테이프(안)
안몸판(겉)
겉감(겉)

①겉감쪽으로 넘긴다
안감(겉)
②0.2상침
겉감(겉)

**완성**

5
약 19
약 28

**6** 옆의 곡선을 바이어스 처리하면서 연결하여 손잡이를 만든다.

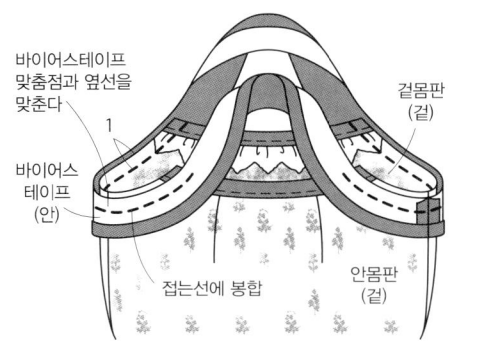

바이어스테이프 맞춤점과 옆선을 맞춘다
1
바이어스 테이프(안)
접는선에 봉합
겉몸판(겉)
안몸판(겉)

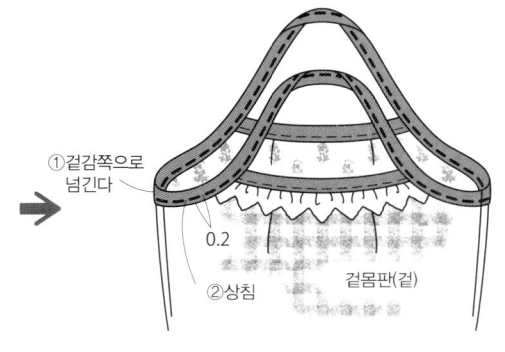

①겉감쪽으로 넘긴다
0.2
②상침
겉몸판(겉)

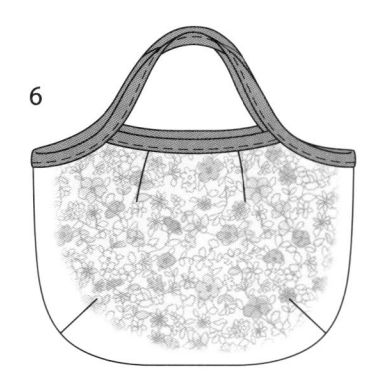

6

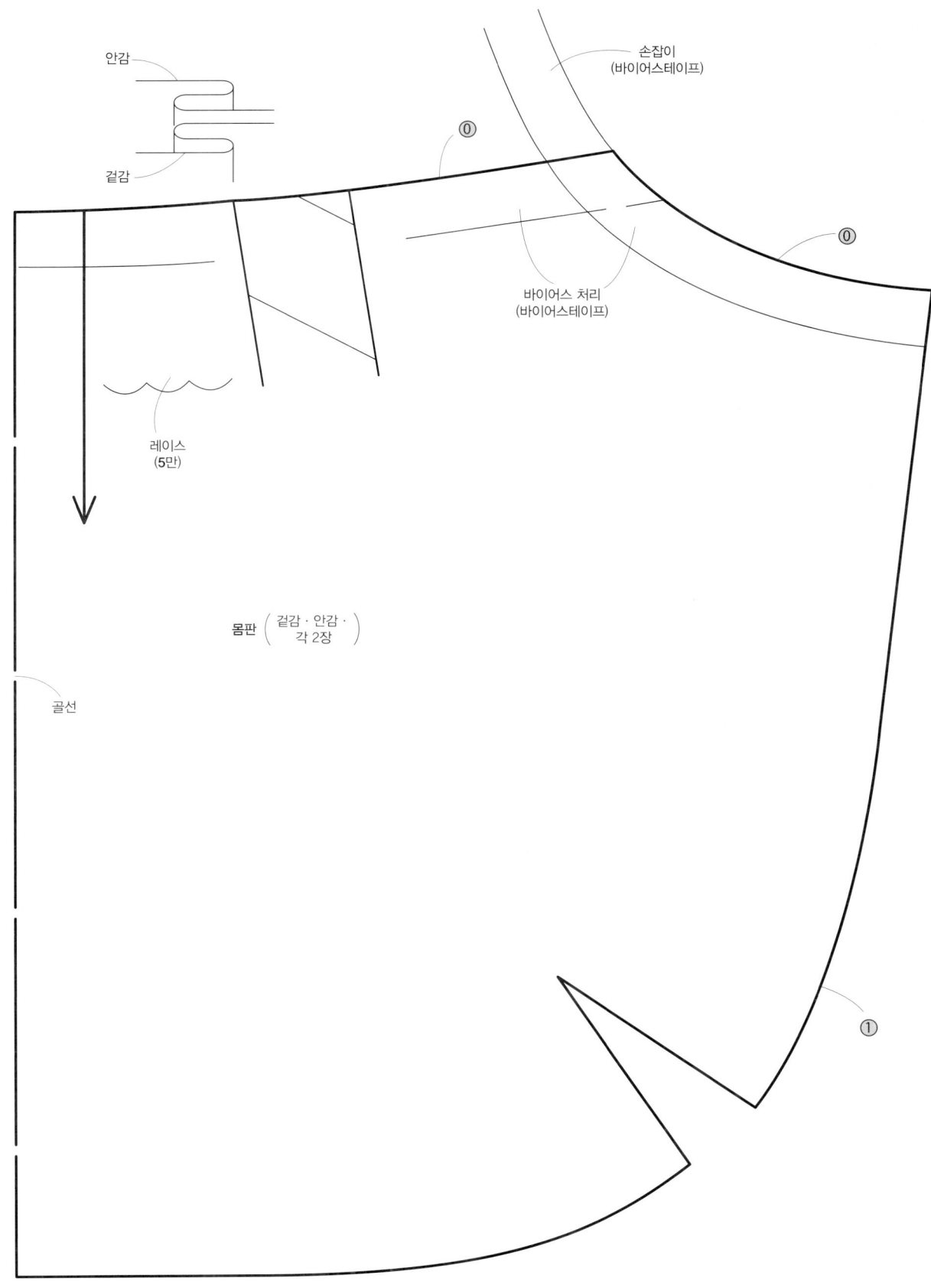

안감

겉감

손잡이
(바이어스테이프)

⓪

⓪

바이어스 처리
(바이어스테이프)

레이스
(5만)

몸판 ( 겉감 · 안감 ·
각 2장 )

골선

①

◆ 패턴에는 시접이 포함되어 있지 않습니다. ◯안의 숫자만큼 시접을 주어 원단을 재단해 주세요.

■ 재료

몸판A(리넨 · 꽃무늬) 20cm폭 50cm
몸판B(리넨 · 무지) 30cm폭 65cm
안감(코튼 · 스트라이프) 45cm폭 65cm
단추(지름22mm) 1개
●몸판의 실물크기 패턴은 41페이지

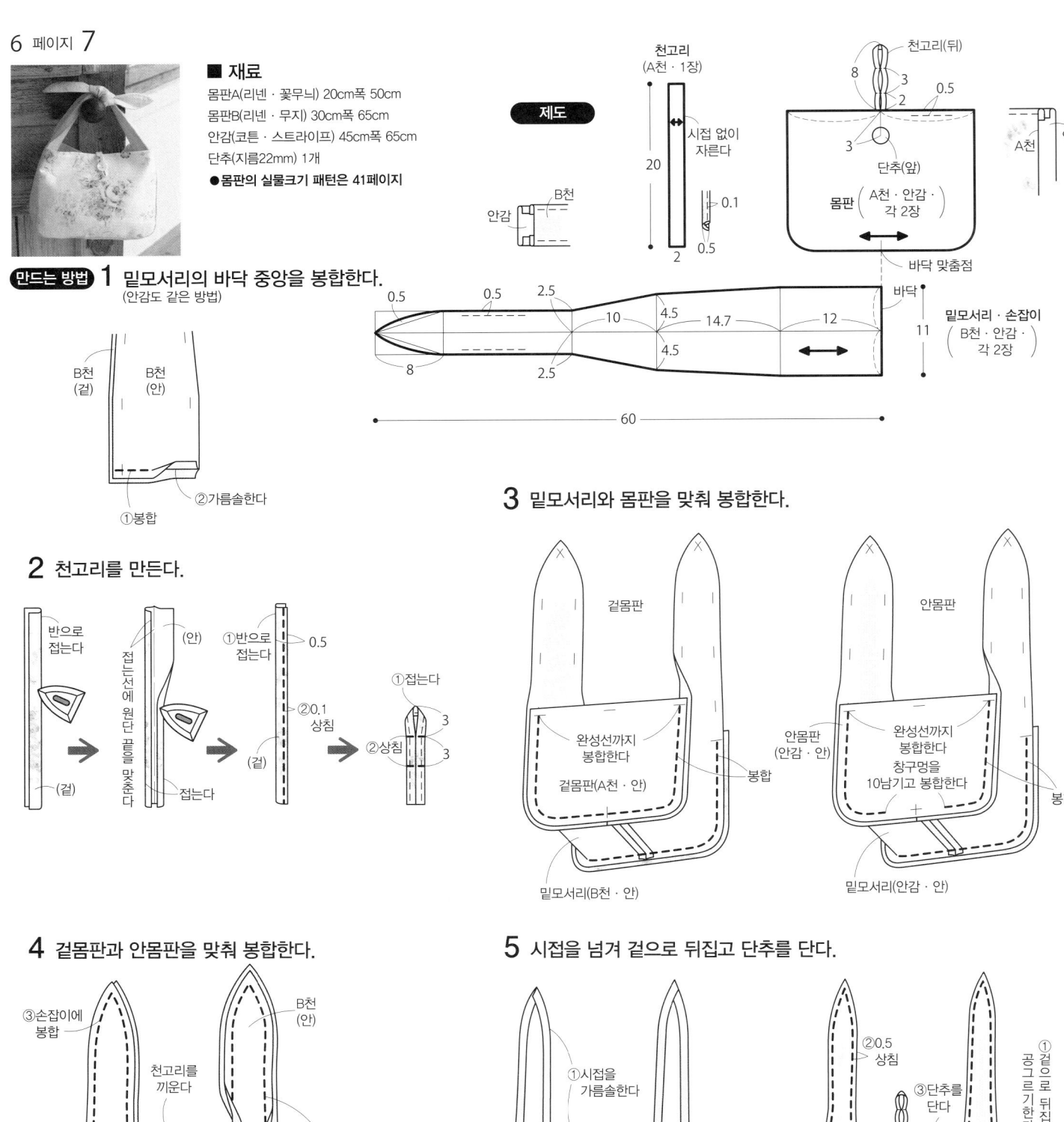

제도

천고리
(A천 · 1장)
20
시접 없이
자른다
2
0.1
0.5

안감
B천

천고리(뒤)
8
3
0.5
2
3
단추(앞)
몸판 A천 · 안감 · 각 2장
바닥 맞춤점

A천
안감

만드는 방법 1 밑모서리의 바닥 중앙을 봉합한다.
(안감도 같은 방법)

B천(겉)
B천(안)
①봉합
②가름솔한다

0.5    0.5    2.5
10    4.5    14.7    12
8
2.5    4.5
바닥
60
11
밑모서리 · 손잡이
(B천 · 안감 · 각 2장)

2 천고리를 만든다.

반으로 접는다
(겉)
접는선에 원단 끝을 맞춘다
(안)
접는다
①반으로 접는다
0.5
(겉)
②0.1 상침
①접는다
②상침
3
3

3 밑모서리와 몸판을 맞춰 봉합한다.

겉몸판
완성선까지 봉합한다
겉몸판(A천 · 안)
봉합
밑모서리(B천 · 안)

안몸판
완성선까지 봉합한다 창구멍을 10남기고 봉합한다
안몸판(안감 · 안)
봉합
밑모서리(안감 · 안)

4 겉몸판과 안몸판을 맞춰 봉합한다.

③손잡이에 봉합
B천(안)
천고리를 끼운다
①겉몸판과 안몸판을 겹친다
②가방 입구의 완성선에서 완성선까지 봉합
안감(안)

5 시접을 넘겨 겉으로 뒤집고 단추를 단다.

①시접을 가름솔한다
②시접을 밑모서리 쪽으로 넘긴다 (겉몸판도 같은 방법)
겉몸판(안)
안몸판(안)

②0.5 상침
③단추를 단다
17
①겉으로 뒤집고 안감의 창구멍을 공그르기 한다
11
22

완성

◆ 제도 · 패턴에는 시접이 포함되어 있지 않습니다. 천고리 이외에는 1cm의 시접을 주어 재단해 주세요.

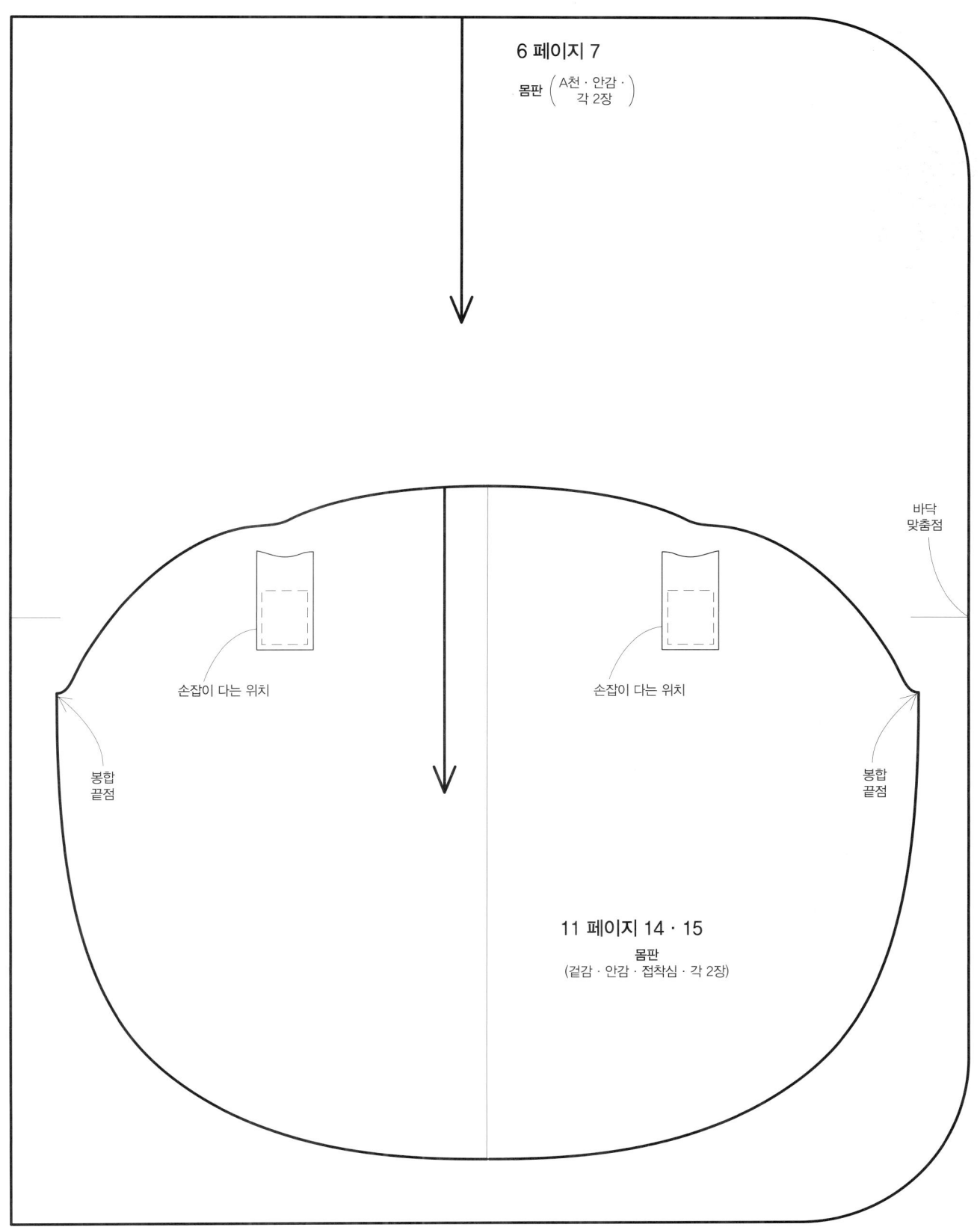

6 페이지 7

몸판 ( A천 · 안감 · 각 2장 )

바닥
맞춤점

손잡이 다는 위치

손잡이 다는 위치

봉합
끝점

봉합
끝점

11 페이지 14 · 15

몸판
(겉감 · 안감 · 접착심 · 각 2장)

◆ 패턴에는 시접이 포함되어 있지 않습니다. 1cm의 시접을 주어 원단을 재단해 주세요.

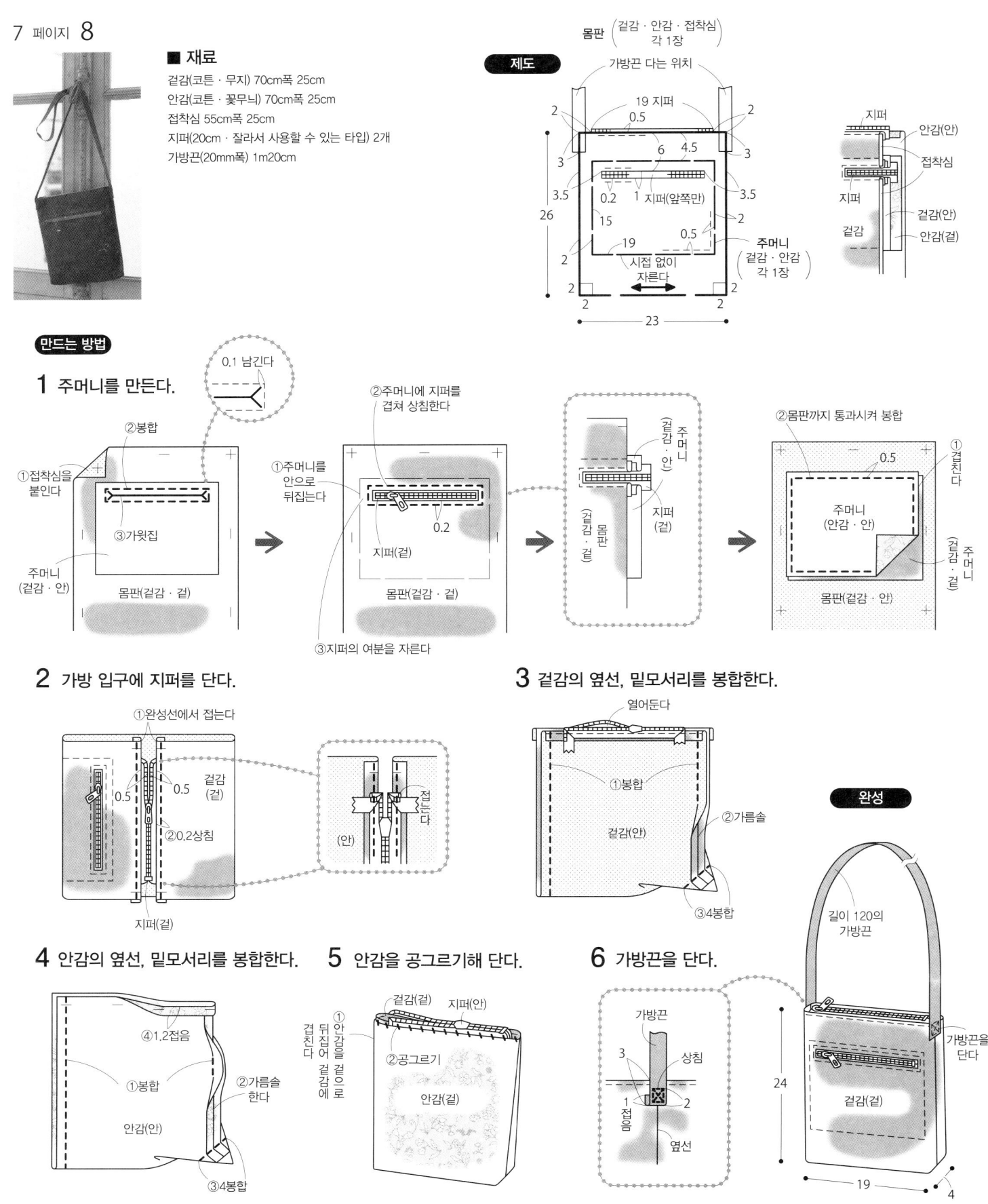

■ 재료

겉감(코튼 · 무지) 70cm폭 25cm
안감(코튼 · 꽃무늬) 70cm폭 25cm
접착심 55cm폭 25cm
지퍼(20cm · 잘라서 사용할 수 있는 타입) 2개
가방끈(20mm폭) 1m20cm

제도

몸판 (겉감 · 안감 · 접착심) 각 1장

가방끈 다는 위치
19 지퍼
0.5
6  4.5
지퍼(앞쪽만)
0.2  1
15
19
시접 없이 자른다
주머니 (겉감 · 안감) 각 1장

지퍼
안감(안)
접착심
지퍼
겉감(안)
안감(겉)
겉감

만드는 방법

**1 주머니를 만든다.**

0.1 남긴다

①접착심을 붙인다
②봉합
③가윗집
주머니 (겉감 · 안)
몸판(겉감 · 겉)

②주머니에 지퍼를 겹쳐 상침한다
①주머니를 안으로 뒤집는다
0.2
지퍼(겉)
③지퍼의 여분을 자른다
몸판(겉감 · 겉)

(겉감 · 안) 주머니
지퍼
(겉감) 몸판 (겉)
지퍼(겉)

②몸판까지 통과시켜 봉합
0.5
①겹친다
주머니 (안감 · 안)
(겉감) 주머니 (겉)
몸판(겉감 · 안)

**2 가방 입구에 지퍼를 단다.**

①완성선에서 접는다
0.5  0.5
겉감(겉)
②0.2상침
접는다
(안)
지퍼(겉)

**3 겉감의 옆선, 밑모서리를 봉합한다.**

열어둔다
①봉합
겉감(안)
②가름솔
③4봉합

완성

길이 120의 가방끈

**4 안감의 옆선, 밑모서리를 봉합한다.**

④1.2접음
①봉합
②가름솔 한다
안감(안)
③4봉합

**5 안감을 공그르기해 단다.**

겉감(겉)  지퍼(안)
①안감을 뒤집어 겉감 겉에 겹친다
②공그르기
안감(겉)

**6 가방끈을 단다.**

가방끈
3  상침
1  2
접음
옆선

24
19
4
가방끈을 단다
겉감(겉)

◆ 제도에는 시접이 포함되어 있지 않습니다. 주머니 이외에는 1cm의 시접을 주어 재단해 주세요.

**■ 재료**

A천(코튼 · 체크) 60cm폭 40cm
B천(코튼 · 보더프린트) 110cm폭 40cm
접착심 60cm폭 40cm
가방끈(25mm폭) 60cm

제도

어깨끈

어깨끈 다는 위치

0.5　0.5

5.5　손잡이 다는 위치
(가방끈 · A천쪽)　5.5

26.5

몸판　(A천 · B천 · 접착심)
각 2장

6.5　6.5

6.5　6.5

31

57

접착심
A천
B천

A천
접착심
B천

(A천 · B천 · 접착심 · 각 1장)

0.5

4

**만드는 방법**

**1** 옆선과 바닥을 봉합한다.

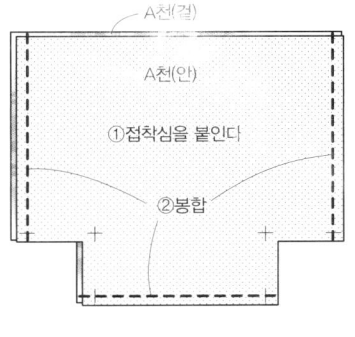

A천(겉)
A천(안)
①접착심을 붙인다
②봉합

B천(겉)
B천(안)
봉합
창구멍을 8남기고 봉합한다

**2** 어깨끈을 만든다.

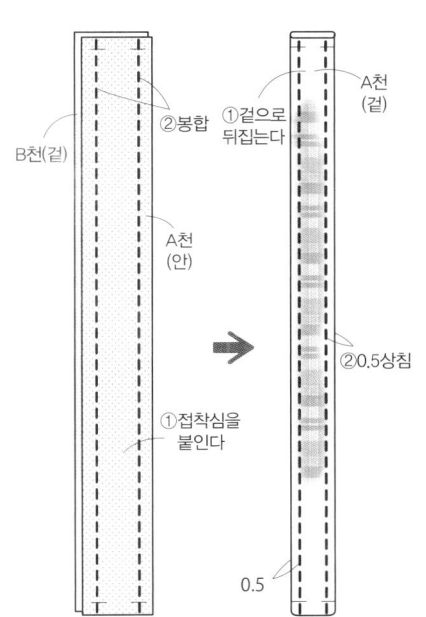

B천(겉)
②봉합
A천(안)
①접착심을 붙인다

①겉으로 뒤집는다
A천(겉)
②0.5상침
0.5

**3** 밑모서리를 봉합한다.(B천도 같은 방법)

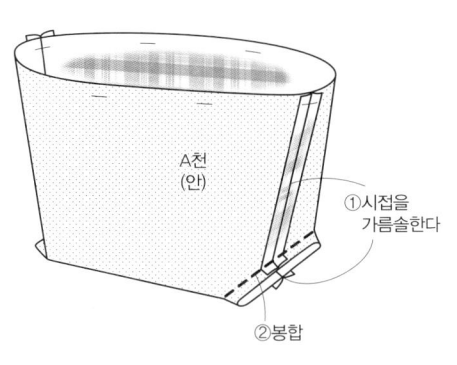

A천(안)
①시접을 가름솔한다
②봉합

**4** 어깨끈을 끼우고
A천과 B천을 맞춰 봉합한다.

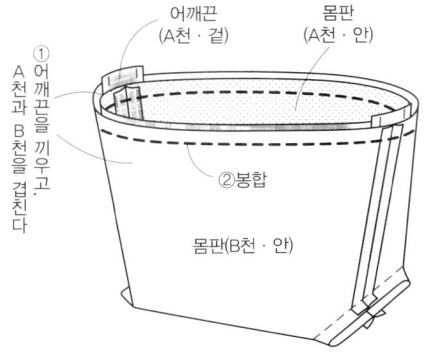

어깨끈(A천 · 겉)
몸판(A천 · 안)
①A천과 B천을 끼우고, 겹친다
②봉합
몸판(B천 · 안)

B천(겉)
②공그르기
①겉으로 뒤집는다

손잡이
2접음　2접음
길이 29의 가방끈

**5** 가방 입구를 상침하고 손잡이를 단다.

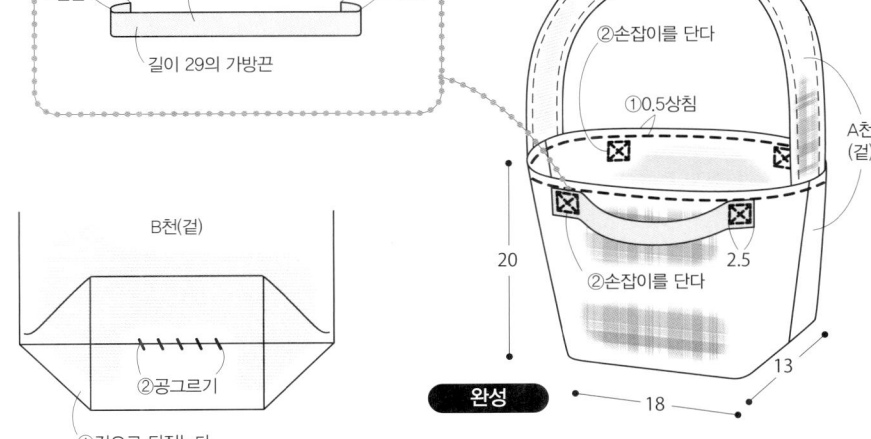

②손잡이를 단다
①0.5상침
②손잡이를 단다
A천(겉)
2.5
20
13
18

완성

◆ 제도에는 시접이 포함되어 있지 않습니다. 1cm의 시접을 주어 재단해 주세요.

■ **재료**
A천(코튼리넨 · 무지) 55cm폭 40cm
B천(코튼리넨 · 보더) 55cm폭 15cm
안감(코튼 · 프린트) 55cm폭 40cm
●바닥의 실물크기 패턴은 45페이지

**제도**

**손잡이**(A천 · 2장)

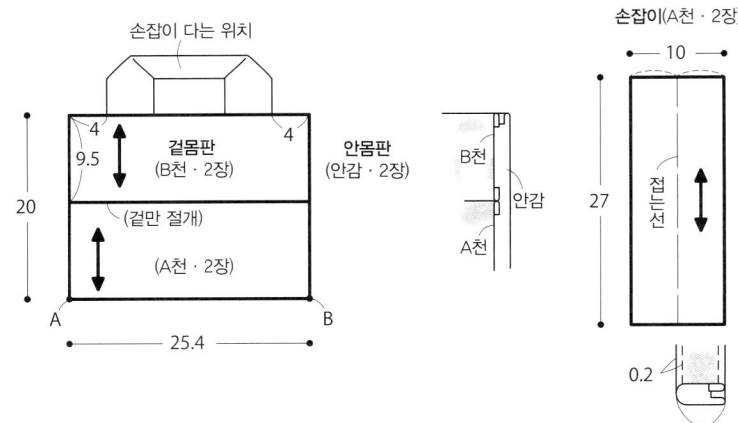

겉바닥(A천 · 1장) 안바닥(안감 · 1장)

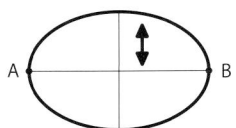

**만드는 방법**

**1** 겉몸판의 절개선을 봉합한다.

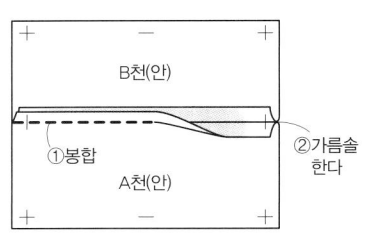

**2** 손잡이를 만든다.

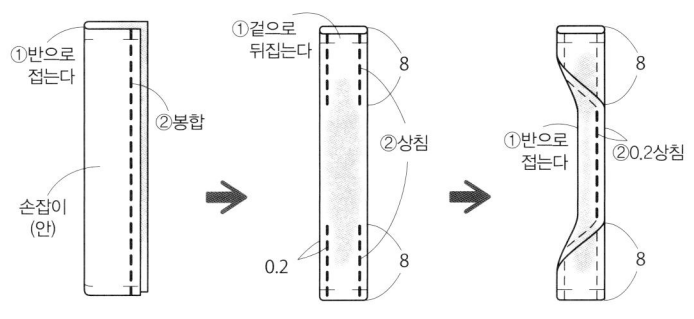

**3** 손잡이를 봉합해 단다.

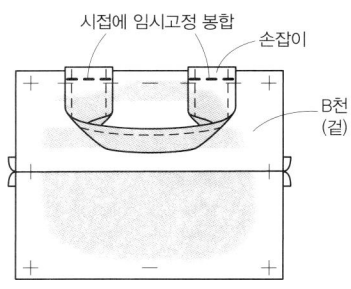

**4** 겉몸판, 안몸판의 옆선을 봉합한다.

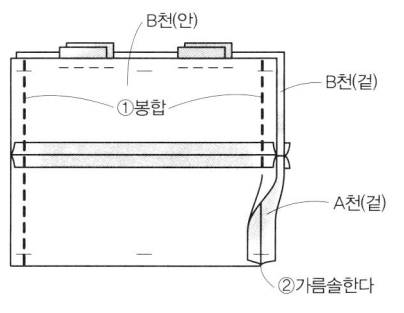

**5** 몸판과 바닥을 맞춰 봉합한다.
(안감도 같은 방법)

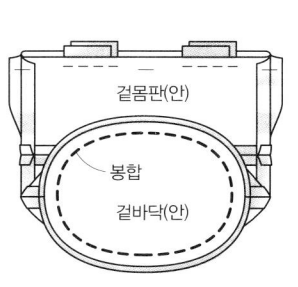

**6** 겉몸판과 안몸판을 맞춰 봉합한다.

**완성**

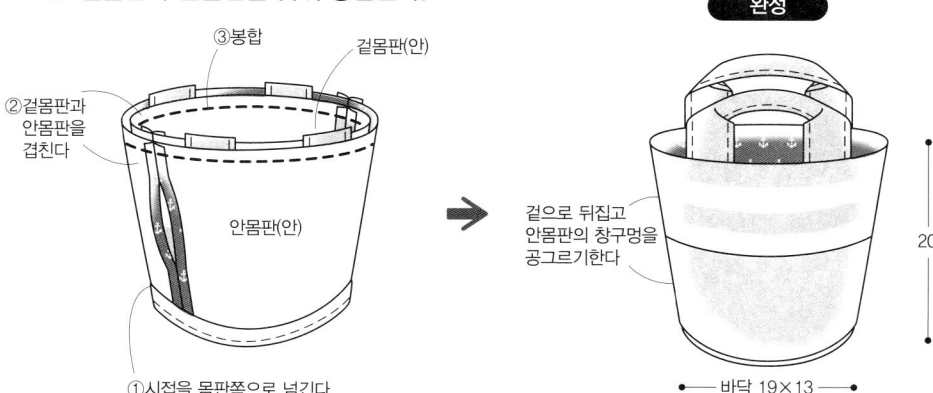

◆ 제도 · 패턴에는 시접이 포함되어 있지 않습니다. 1cm의 시접을 주어 재단해 주세요.

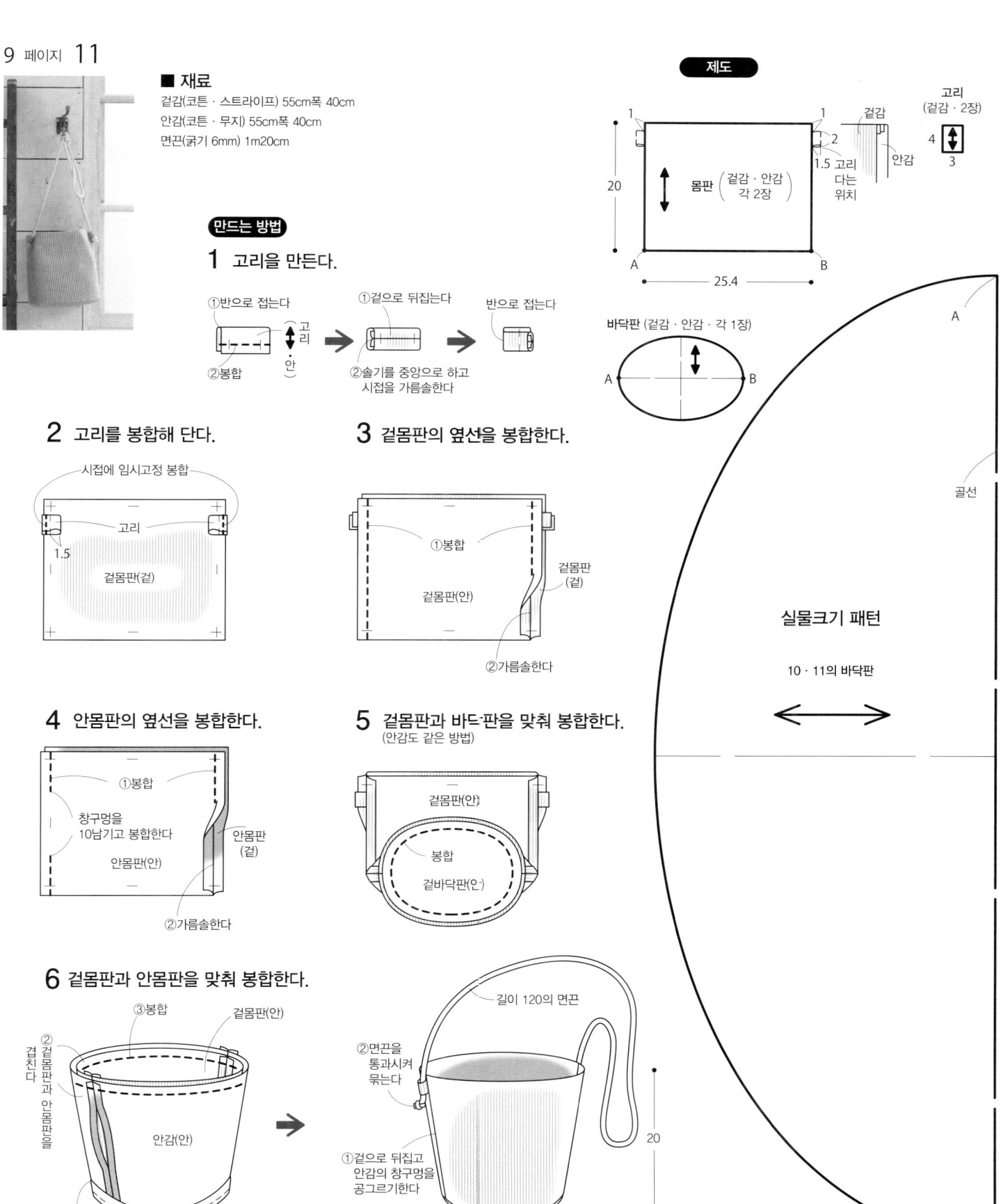

■ **재료**
겉감(코튼 · 스트라이프) 55cm폭 40cm
안감(코튼 · 무지) 55cm폭 40cm
면끈(굵기 6mm) 1m20cm

제도

고리
(겉감 · 2장)

몸판 ( 겉감 · 안감 )
각 2장

1.5 고리
다는
위치

20

A              B
25.4

바닥판 (겉감 · 안감 · 각 1장)

A          B

**만드는 방법**

**1** 고리을 만든다.

①반으로 접는다
②봉합

①겉으로 뒤집는다
②솔기를 중앙으로 하고
시접을 가름솔한다

반으로 접는다

**2** 고리를 봉합해 단다.

시접에 임시고정 봉합
고리
1.5
겉몸판(겉)

**3** 겉몸판의 옆선을 봉합한다.

①봉합
겉몸판(안)
겉몸판(겉)
②가름솔한다

**4** 안몸판의 옆선을 봉합한다.

①봉합
창구멍을
10남기고 봉합한다
안몸판(안)
안몸판(겉)
②가름솔한다

**5** 겉몸판과 바닥판을 맞춰 봉합한다.
(안감도 같은 방법)

겉몸판(안)
봉합
겉바닥판(안)

**6** 겉몸판과 안몸판을 맞춰 봉합한다.

③봉합
겉몸판(안)
②겹몸판과 안몸판을 겹친다
안감(안)
①시접을 몸판쪽으로 넘긴다

길이 120의 면끈
②면끈을 통과시켜 묶는다
①겉으로 뒤집고
안감의 창구멍을
공그르기한다
20
바닥 19×13

**완성**

실물크기 패턴

10 · 11의 바닥판

A
골선
B

◆ 제도 · 패턴에는 시접이 포함도 어 있지 않습니다. 1cm의 시접을 주어 재단해 주세요.

■ **12 · 13의 재료** (1개 분)

A천(**12**는 코튼 · 꽃무늬 **13**은 리넨 · 무지) 25cm폭 25cm

B천(**12**는 코튼 · 도트 무늬 **13**은 코튼 · 꽃무늬) 45cm폭 25cm

접착심 20cm폭 10cm

지퍼(20cm · 잘라서 사용할 수 있는 타입) 1개

**12**의 레이스(11mm폭) 40cm

**제도**

입구천
(B천 · 4장 · 접착심 · 2장)

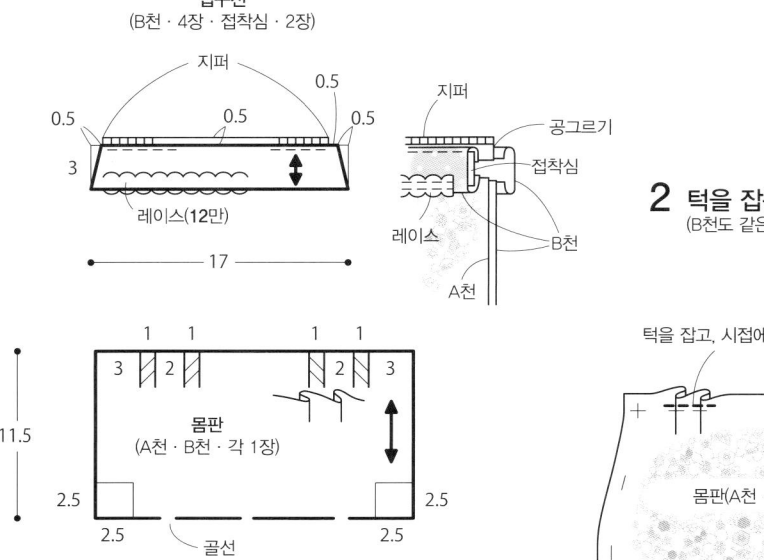

**만드는 방법**

**1** 입구천에 지퍼를 단다.

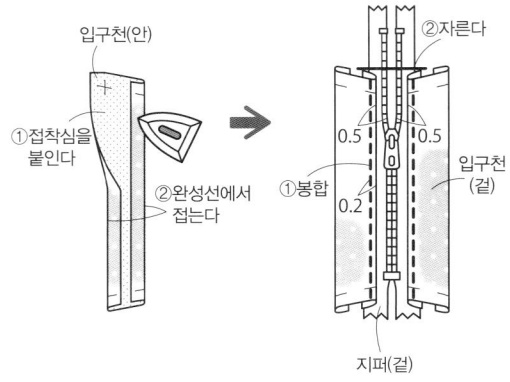

**2** 턱을 잡는다.
(B천도 같은 방법)

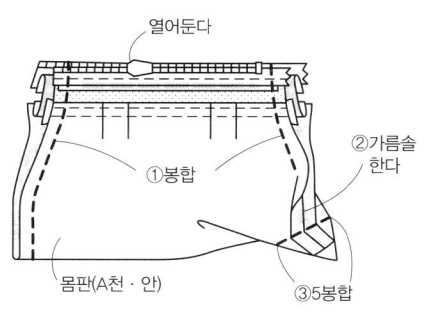

턱을 잡고, 시접에 임시고정 봉합

몸판(A천 · 겉)

**3** 입구천과 겉몸판을 맞춰 봉합한다.

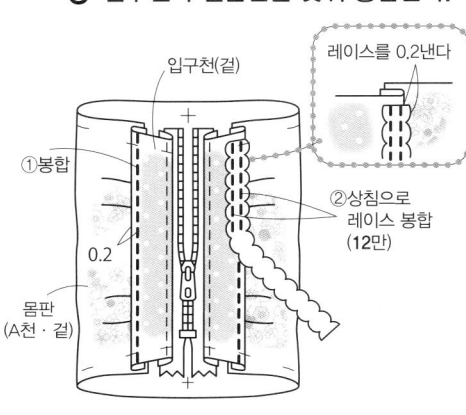

**4** 겉몸판의 옆선을 봉합하고, 밑모서리를 봉합한다.

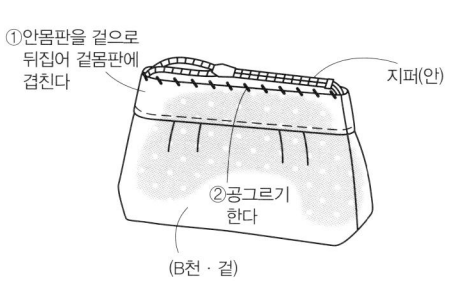

**5** 안몸판을 만든다.

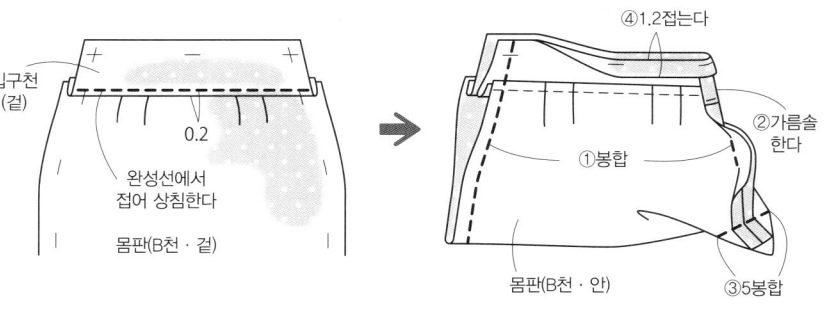

**6** 안몸판을 공그르기해 단다.

◆제도에는 시접이 포함되어 있지 않습니다. 1cm의 시접을 주어 원단을 재단해 주세요.

■ **14 · 15의 재료** (1개 분)

겉감(14는 코튼 · 도트 무늬 15는 코튼 · 꽃무늬) 30cm폭 30cm

안감(코튼 · 체크) 20cm폭 30cm

퀼팅솜 20×30cm

프레임 (폭12cm×길이6cm) 1개

수예용 본드

*끈은 프레임에 동봉되어 있습니다.

● **실물크기 패턴은 41페이지**

**＊ 프레임의 크기 ＊**

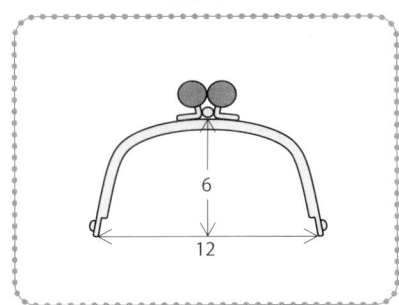

6

12

**만드는 방법**

**1 몸판을 봉합한다.** (안감도 같은 방법)

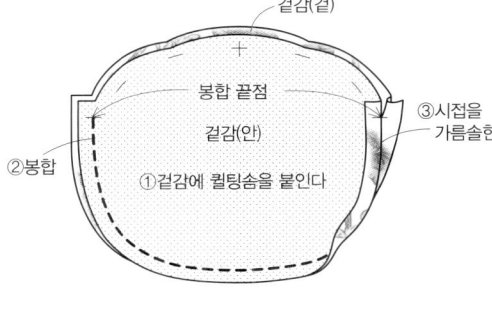

겉감(겉)

봉합 끝점

겉감(안)

②봉합

③시접을 가름솔한다

①겉감에 퀼팅솜을 붙인다

**제도**

손잡이(겉감 · 2장)

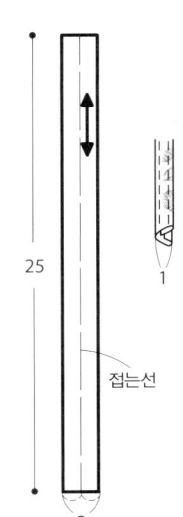

25

접는선

2

1

**2 겉몸판과 안몸판을 맞춰 봉합한다.**

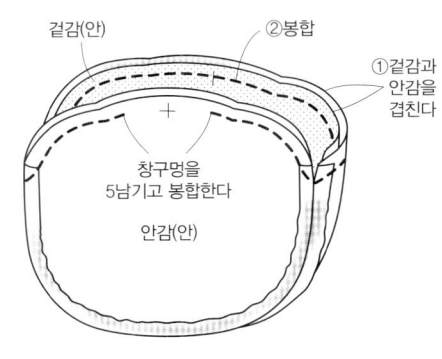

겉감(안)

②봉합

①겉감과 안감을 겹친다

창구멍을 5남기고 봉합한다

안감(안)

**3 손잡이를 만든다.**

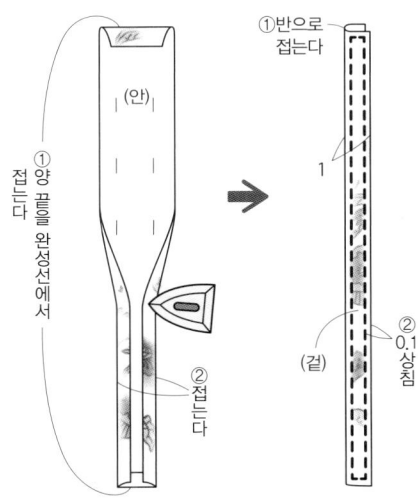

(안)

①양 끝틀 완성선에서 접는다

②접는다

①반으로 접는다

1

(겉)

②0.1 상침

**4 겉으로 뒤집고 손잡이를 단다.**

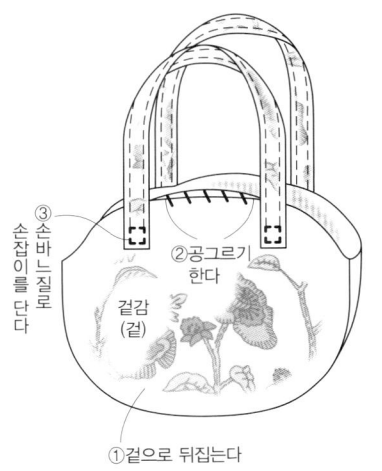

③ 손잡이를 단다

②공그리기 한다

겉감(겉)

①겉으로 뒤집는다

**5 프레임을 단다.**

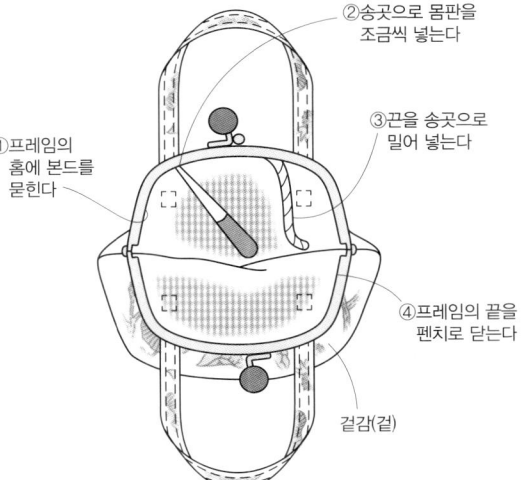

②송곳으로 몸판을 조금씩 넣는다

③끈을 송곳으로 밀어 넣는다

①프레임의 홈에 본드를 묻힌다

④프레임의 끝을 펜치로 닫는다

겉감(겉)

**완성**

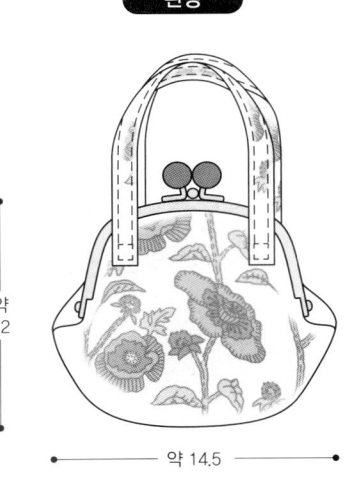

약 12

약 14.5

◆ 제도 · 패턴에는 시접이 포함되어 있지 않습니다. 1cm의 시접을 주어 원단을 재단해 주세요.

**■ 재료**
겉감(코튼 · 꽃무늬) 60cm폭 30cm
안감(코튼 · 체크) 50cm폭 30cm
지퍼(30cm · 잘라서 사용할 수 있는 타입) 1개
와펜(접착식) 1장

■ 제도

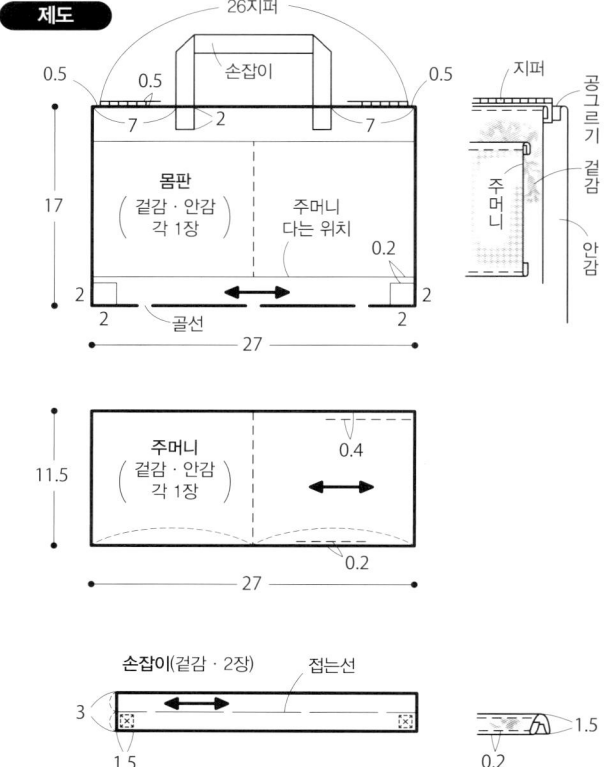

26지퍼
0.5    0.5    손잡이    0.5
7    2    7
지퍼
공그르기
17    몸판
(겉감 · 안감
각 1장)    주머니
다는 위치    겉감
0.2    주머니    안감
2    골선    2
2    27

11.5    주머니
(겉감 · 안감
각 1장)    0.4
0.2
27

손잡이(겉감 · 2장)    접는선
3
1.5    1.5
25    0.2

**만드는 방법**

**1 주머니를 만들어 단다.**

완성선에서
접는다    0.5
접음

②0.1상침    주머니
(안)
①접음

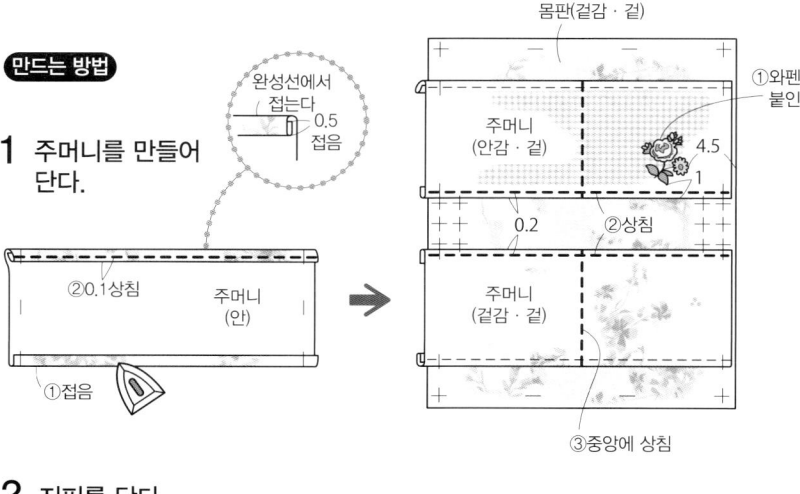

몸판(겉감 · 겉)
①와펜을
붙인다
주머니
(안감 · 겉)    4.5
1
0.2    ②상침
주머니
(겉감 · 겉)
③중앙에 상침

**2 지퍼를 단다.**

자른다    지퍼
27.5

(안)    1.5
접음
주머니
(겉감 · 겉)
②
0.2
상
침
(안)    접음
지퍼(겉)    1

몸판
(겉감 · 겉)
①완성선에서
접는다
(안감 · 겉)
주머니
(겉)

**3 겉몸판, 안몸판의 옆선을 봉합하고 밑모서리를 봉합한다.**

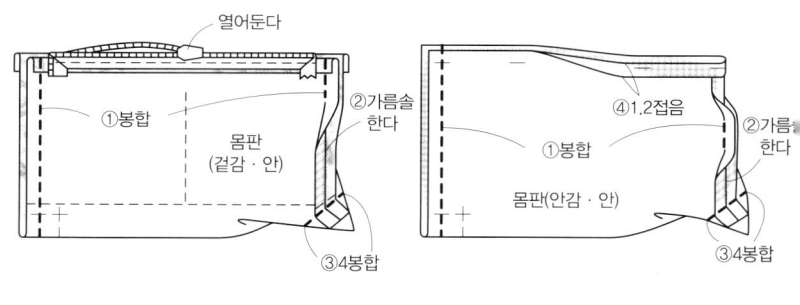

열어둔다
①봉합    몸판
(겉감 · 안)    ②가름솔
한다
③4봉합
④1.2접음
①봉합    ②가름
한다
몸판(안감 · 안)
③4봉합

**4 안몸판을 공그르기해 단다.**

①안몸판을 겉으로 뒤집어 겉몸판에 겹친다
지퍼(안)
②공그르기
안감(겉)

**5 손잡이를 만들어 단다.**

손잡이
(안)
①
접
는
다
②접는다    접
양
끝
을    ①반으로
접는다    ②
0.2
상침
(겉)

상침    1.5

**완성**

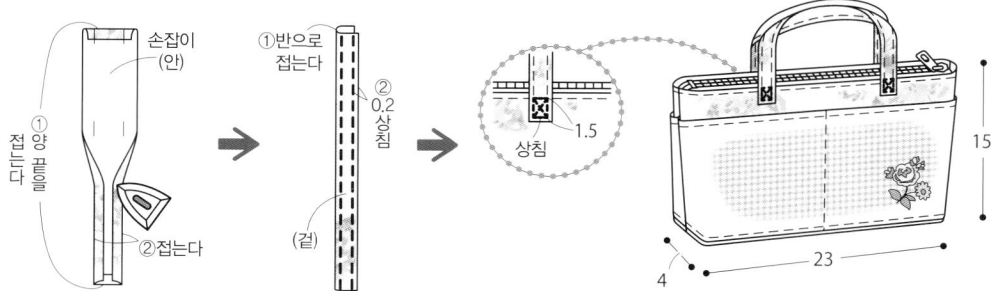

15
4    23

◆ 제도에는 시접이 포함되어 있지 않습니다. 1cm의 시접을 주어 원단을 재단해 주세요.

■ **19 · 20 · 21의 재료**(1개 분)
A천(**19**는 코튼 · 꽃무늬 **20**은 리넨 · 무지 **21**은 코튼 · 체크) 20cm폭 40cm
B천(**19**는 코튼 · 체크 **20**은 코튼 · 꽃무늬 **21**은 코튼 · 도트 무늬) 40cm폭 40cm
둥근 끈(두께3mm) 1m20cm

**제도**

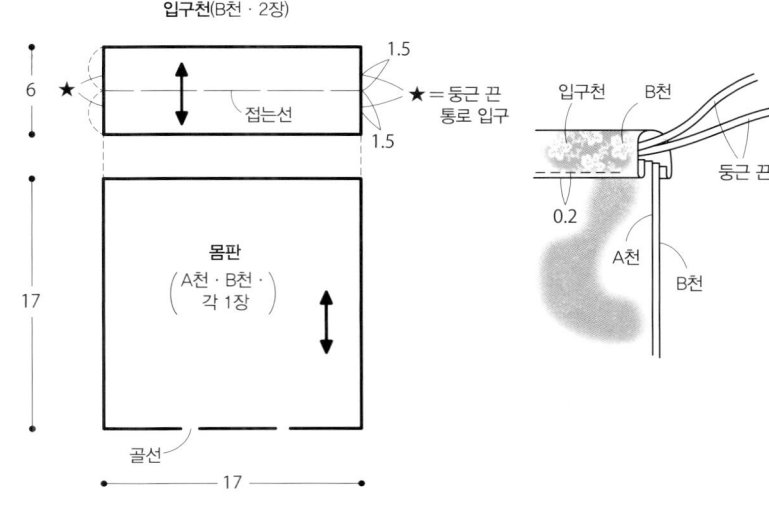

입구천(B천 · 2장)

6
1.5
접는선
1.5

★=둥근 끈
통로 입구

17

몸판
( A천 · B천 · )
( 각 1장 )

17

골선

입구천  B천
0.2
둥근 끈
A천
B천

**만드는 방법**

**1 몸판의 옆선을 봉합한다.**(B천도 같은 방법)

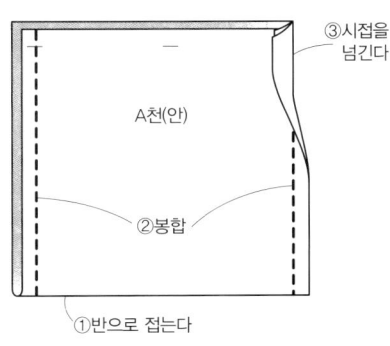

③시접을
넘긴다

A천(안)

②봉합

①반으로 접는다

**2 입구천을 만든다.**

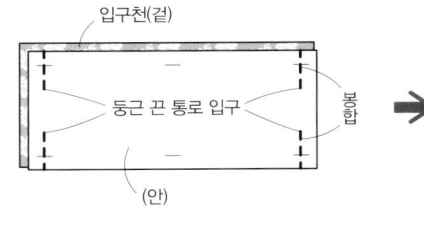

입구천(겉)

둥근 끈 통로 입구

봉합

(안)

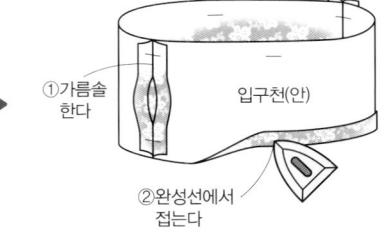

①가름솔
한다

입구천(안)

②완성선에서
접는다

〈둥근 끈 통과시키는 방법〉

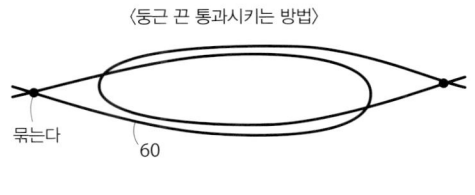

묶는다

60

**3 몸판과 입구천을 맞춰 봉합한다.**

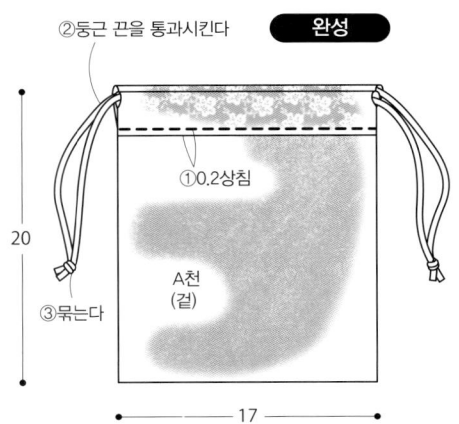

①
반
대
로
겹
친
다
A
천
과
B
천
의
시
접
의
방
향
을

B천(겉)  ③봉합  ②입구천을
겹친다

입구천(안)

A천
(겉)

①B천쪽으로
뒤집는다

②접음  입구천(겉)

③공그르기

B천
(겉)

**4 둥근 끈을 통과시킨다.**

②둥근 끈을 통과시킨다  **완성**

①0.2상침

20

③묶는다

A천
(겉)

17

◆ 제도에는 시접이 포함되어 있지 않습니다. 1cm의 시접을 주어 원단을 재단해 주세요.

■ **재료**
A천(코튼 · 자수 원단) 25cm폭 15cm
B천(코튼 · 도트 무늬) 45cm폭 30cm
자수실(올리브)

## 만드는 방법

### 1 안몸판에 주머니를 봉합해 단다.

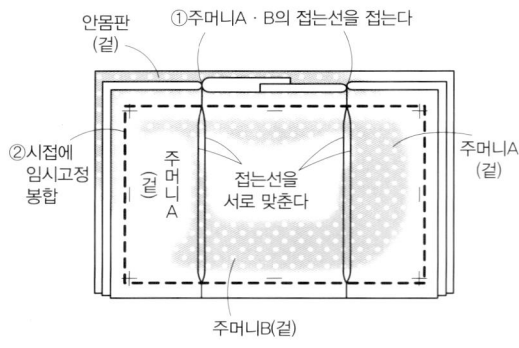

안몸판
(겉)
①주머니A · B의 접는선을 접는다
②시접에
임시고정
봉합
주머니A
(겉)
주머니A(겉)
접는선을
서로 맞춘다
주머니B(겉)

### 2 1과 겉몸판을 맞춰 봉합한다.

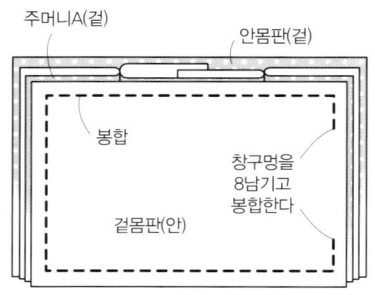

주머니A(겉)
안몸판(겉)
봉합
창구멍을
8남기고
봉합한다
겉몸판(안)

### 3 겉으로 뒤집고, 중앙을 상침한다.
주머니 입구에 고정 봉합을 한다.

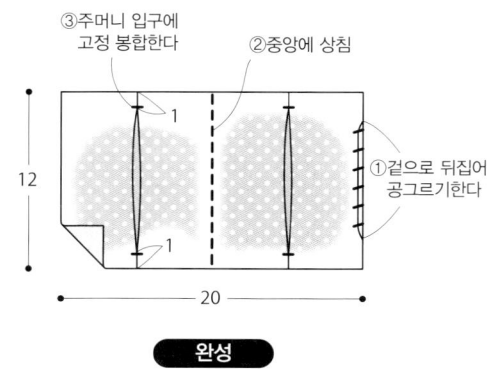

③주머니 입구에
고정 봉합한다
②중앙에 상침
12
1
1
①겉으로 뒤집어
공그르기한다
20

완성

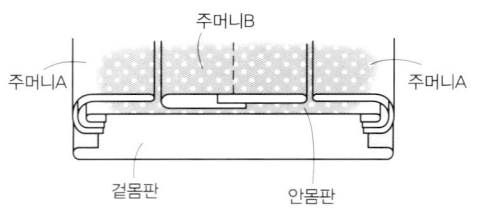

주머니A다는 위치
주머니B
다는 위치
12
20
겉몸판
(A천 · 1장)
안몸판
(B천 · 1장)

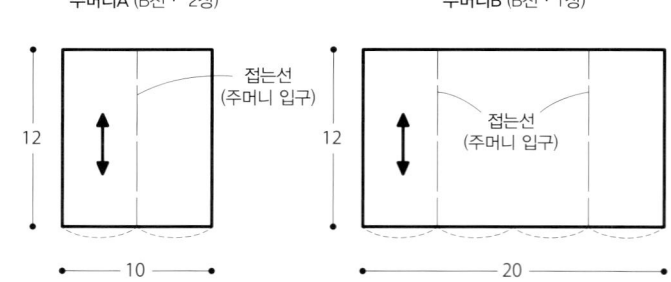

주머니B
주머니A
주머니A
겉몸판
안몸판

주머니A (B천 · 2장)

주머니B (B천 · 1장)

12
10
접는선
(주머니 입구)

12
20
접는선
(주머니 입구)

### ＊ 고정 봉합하는 방법 ＊

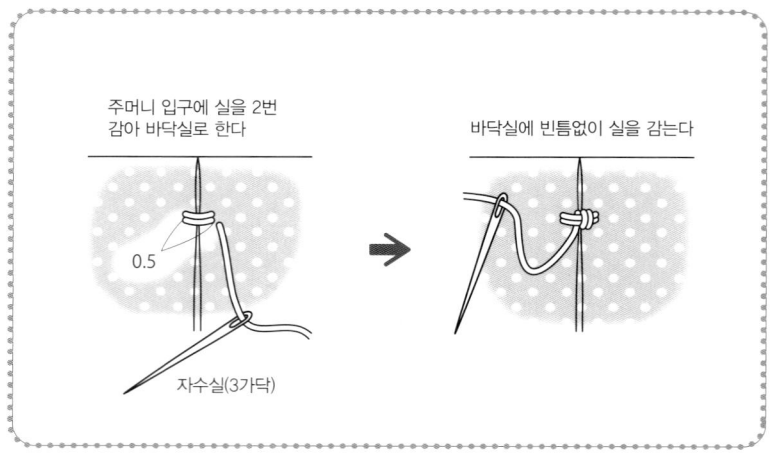

주머니 입구에 실을 2번
감아 바닥실로 한다
0.5
자수실(3가닥)

바닥실에 빈틈없이 실을 감는다

◆ 제도에는 시접이 포함되어 있지 않습니다. 1cm의 시접을 주어 원단을 재단해 주세요.

■ 재료

A천(코튼 · 꽃무늬) 25cm폭 15cm
B천(리넨 · 무지) 25cm폭 30cm
C천(코튼 · 꽃무늬) 20cm폭 15cm
레이스(10mm폭) 30cm
자수실(오프 화이트)

제도

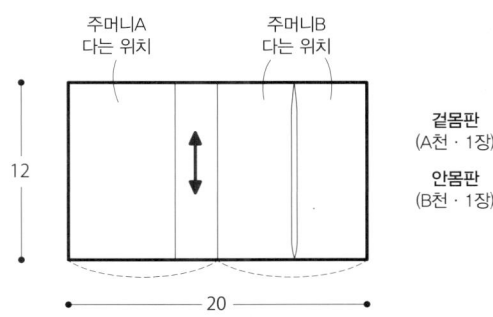

만드는 방법

**1** 주머니B를 만들고 1장을 안몸판에 단다.

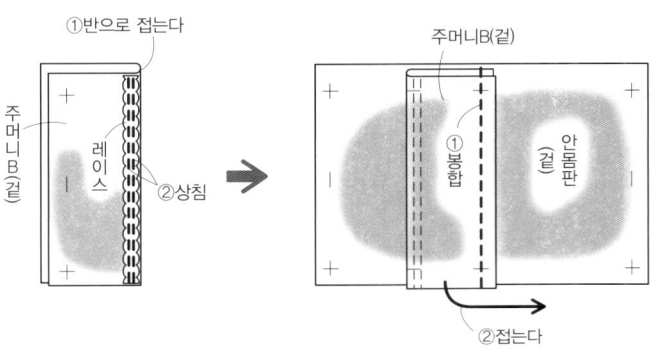

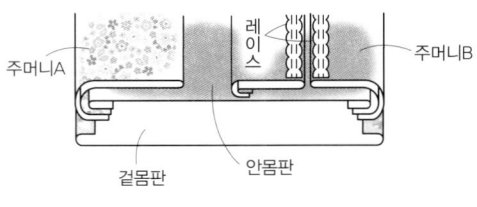

**2** 안몸판에 주머니를 단다.

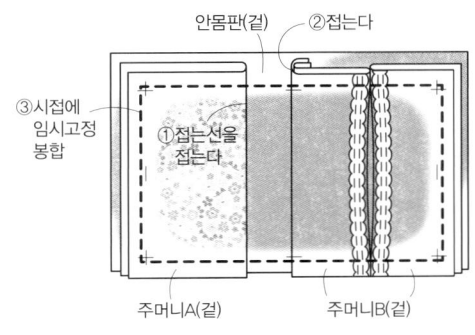

주머니A(C천 · 1장)　　주머니B(B천 · 2장)

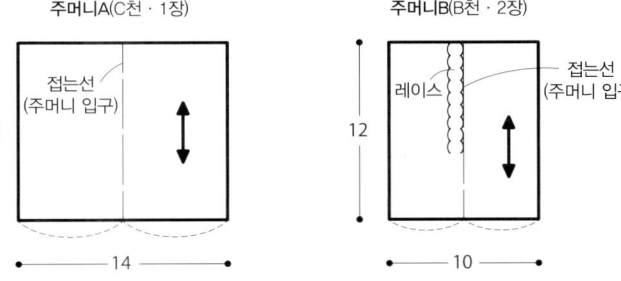

**3** 2와 겉몸판을 맞춰 봉합한다.

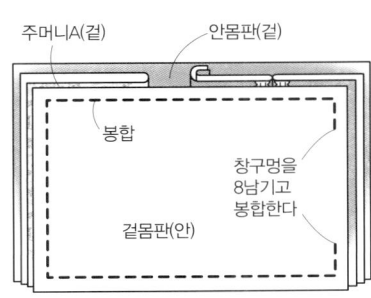

**4** 겉으로 뒤집어 주머니 B에
고정 봉합을 한다.(50페이지 참고)

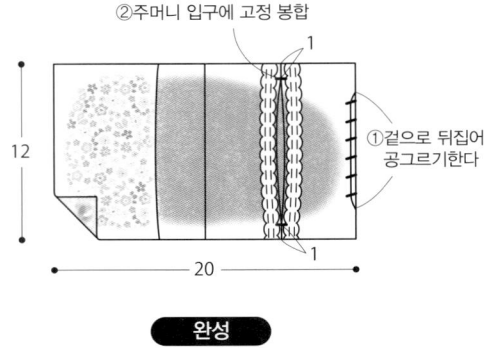

완성

◆ 제도에는 시접이 포함되어 있지 않습니다. 1cm의 시접을 주어 원단을 재단해 주세요.

■ **22의 재료**
겉감(코튼 · 스트라이프) 30cm폭 50cm
배색천(코튼 · 보더) 30cm폭 20cm
안감(코튼 · 무지) 30cm폭 50cm
지퍼(30cm · 잘라서 사용할 수 있는 타입) 2개
장식테이프(10mm폭) 20cm

■ **23재료**
겉감(데님) 60cm폭 40cm
안감(코튼 · 체크) 30cm폭 50cm
지퍼(30cm · 잘라서 사용할 수 있는 타입) 2개
장식테이프(10mm폭) 20cm

**제도**

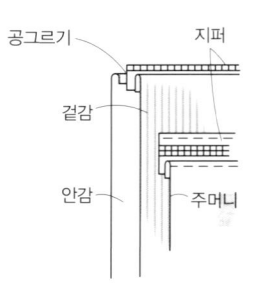

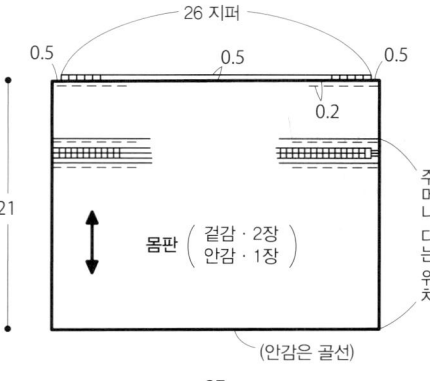

**만드는 방법**

**1** 지퍼를 자르고 1개를 주머니에 단다.

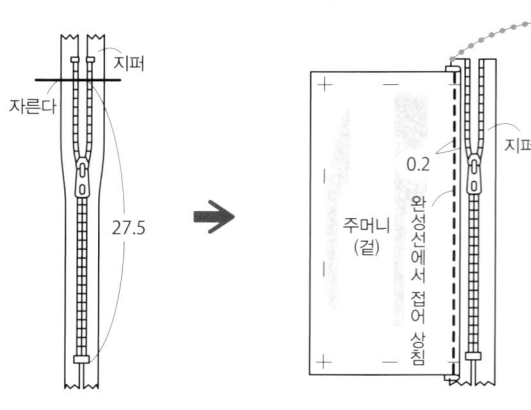

**2** 겉몸판에 지퍼를 달고 주머니를 단다.

**3** 겉몸판의 옆선, 바닥을 봉합한다.

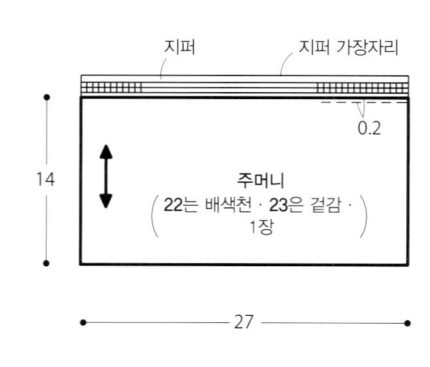

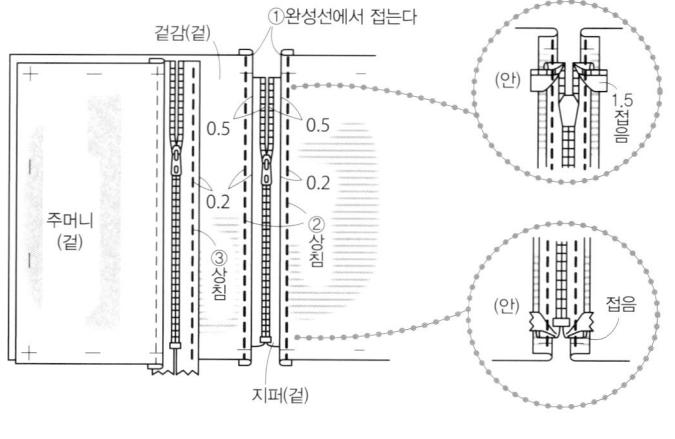

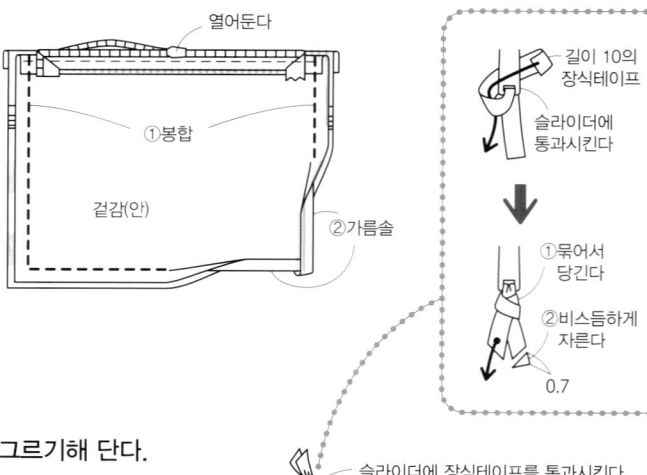

**4** 안몸판의 옆선을 봉합한다.

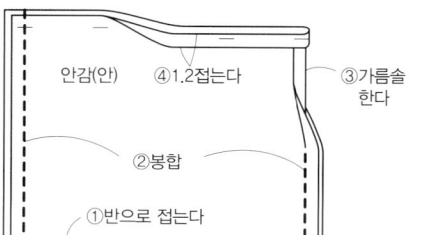

**5** 안몸판을 공그리해 단다.

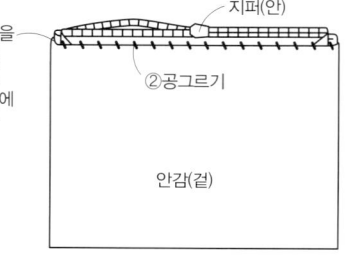

**완성**

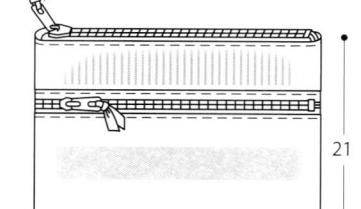

◆ 제도에는 시접이 포함되어 있지 않습니다. 1cm의 시접을 주어 원단을 재단해 주세요.

■ **24 · 25의 재료**(1개 분)
A천(**24**는 코튼 · 무지 **25**는 코튼 · 꽃무늬) 20cm폭 25cm
B천(**24**는 코튼 · 스트라이프 **25**는 코튼 · 무지) 15cm폭 20cm
안감(코튼 · 체크) 25cm폭 35cm
금속 지퍼(16cm) 1개
● 둥근 모서리의 실물크기 패턴은 58페이지

**만드는 방법**

**1** 라벨을 만든다.

①반으로 접는다
②봉합

겉으로 뒤집는다

반으로
접는다

**제도**

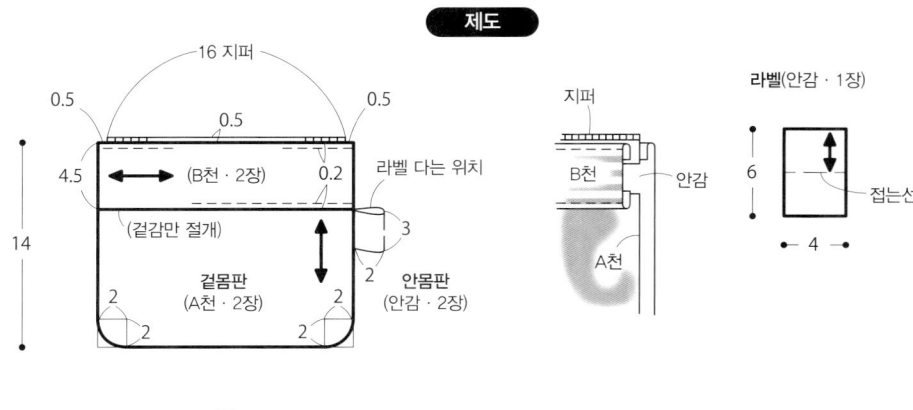

16 지퍼
0.5  0.5  0.5
4.5  (B천 · 2장)  0.2  라벨 다는 위치
(겉감만 절개)  3
14  겉몸판  안몸판
(A천 · 2장)  (안감 · 2장)
2  2  2  2  2
17

지퍼
B천
A천
안감

라벨(안감 · 1장)
6  접는선
4

**2** B천에 지퍼를 단다.

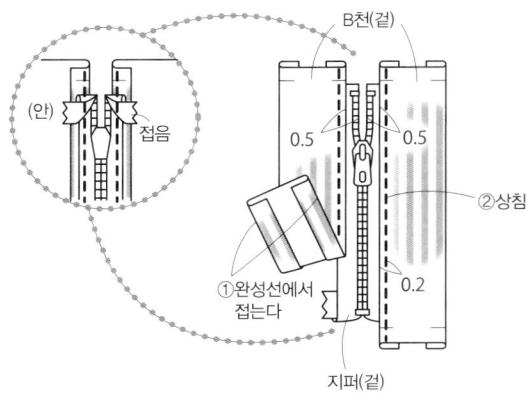

(안)  접음
B천(겉)
0.5  0.5
②상침
①완성선에서
접는다
지퍼(겉)
0.2

**3** A천과 B천을 맞춰 봉합한다.

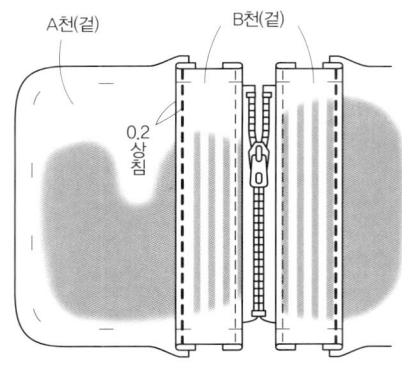

A천(겉)  B천(겉)
0.2
상침
②상침

**4** 겉몸판을 만든다.

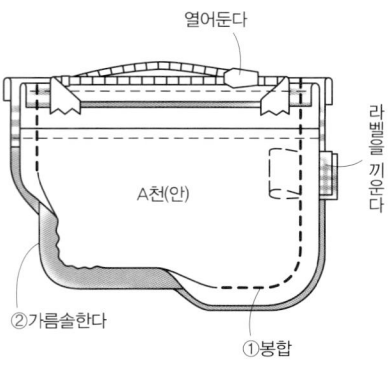

열어둔다
A천(안)
라벨을
끼운다
②가름솔한다
①봉합

**5** 안몸판을 만들어 겉몸판에 공그르기해 단다.

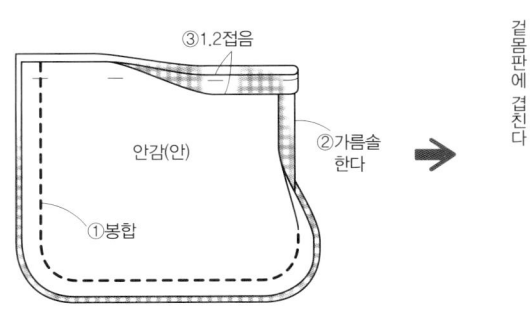

③1.2접음
안감(안)
②가름솔
한다
①봉합

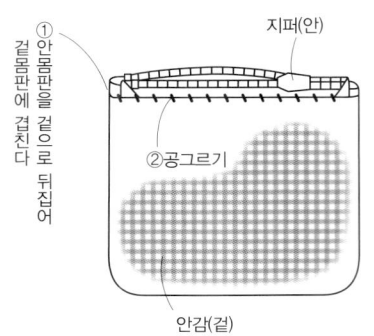

①안몸판을 겉으로 뒤집어 겉몸판에 겹친다
지퍼(안)
②공그르기
안감(겉)

**완성**

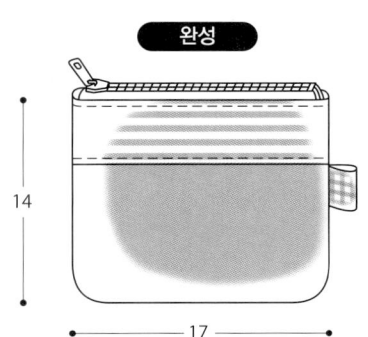

14
17

◆ 제도에는 시접이 포함되어 있지 않습니다. 1cm의 시접을 주어 원단을 재단해 주세요.

■ **26 · 27의 재료** (1개 분)
A천(**26**은 리넨 · 무지 **27**은 코튼 · 체크)
  35cm폭 20cm
B천(**26**은 코튼 · 꽃무늬 **27**은 리넨 · 무지)
  45cm폭 20cm
장식테이프A(5mm폭) 25cm
장식테이프B(20mm폭) 20cm
단추(지름12mm) 1개
끈(굵기 1.5mm) 70cm

**제도**

탭
장식테이프A
23

탭(B천 · 1장)
시접 없이
자른다
4
2.5
1.5
1.5

겉몸판

안몸판(B천 · 1장)

11.5    7    7    3
0.5  접는선    1
0.5
2.5    넣는입구
장식테이프B
16    A천·1장    B천·1장    A천·1장    창구멍
5    1
14    6    7    7

36    30

A천    A천
창구멍    넣는 입구    B천

**만드는 방법**

**1** 장식테이프A에 탭을 단다.

둘레를 0.5씩 접는다
3    탭(안)
1.5

장식테이프A를
끼워 공그르기
한다
(겉)

**2** 넣는 입구, 창구멍을 봉합하고 겉몸판의 절개선을 봉합한다.

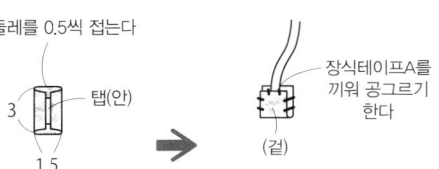

B천(안)    겉몸판    안몸판
A천(안)    ②봉합    ③가름솔을 한다    A천(안)    넣는입구    ①완성선에서 접어 상침한다    창구멍    B천(안)
0.5    0.5

**3** 장식테이프A · B를 끼우고
겉몸판과 안몸판을 맞춰 봉합한다.

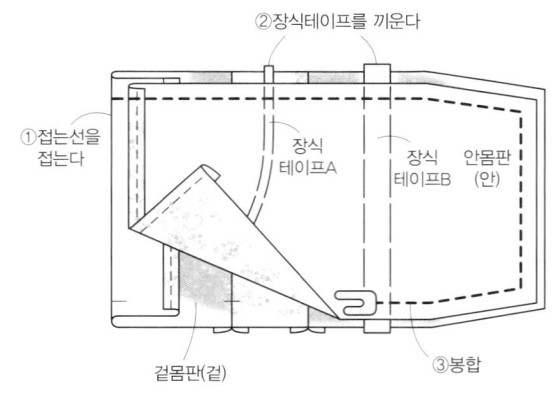

②장식테이프를 끼운다
①접는선을 접는다    장식테이프A    장식테이프B    안몸판(안)
겉몸판(겉)    ③봉합

**4** 끈으로 고리를 만든다.

통과시킨다
당긴다
②끈으로 만든 고리를 걸어 당긴다
길이 70의 끈

**5** 단추를 달고, 끈으로 만든 고리를 건다.

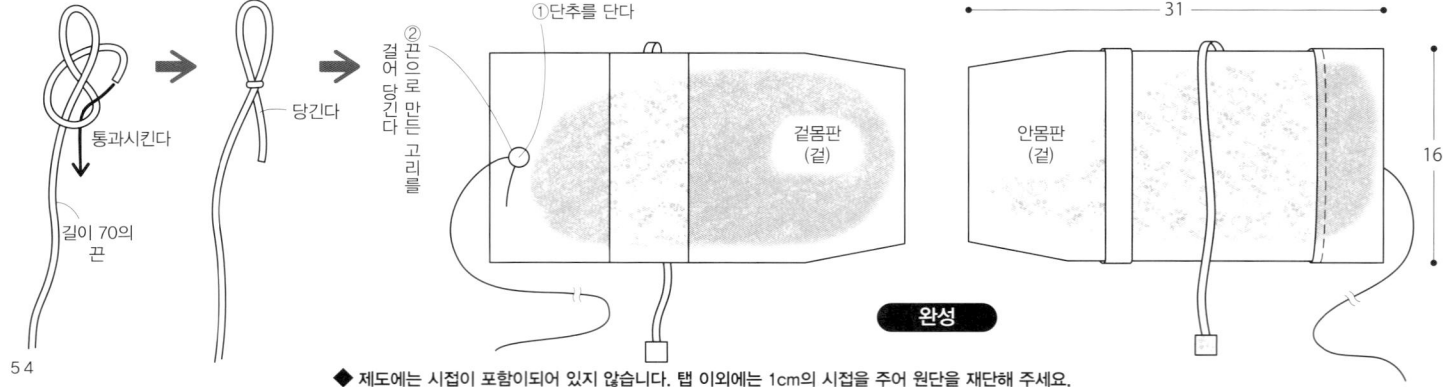

①단추를 단다
겉몸판(겉)
안몸판(겉)
31
16

**완성**

◆ 제도에는 시접이 포함이되어 있지 않습니다. 탭 이외에는 1cm의 시접을 주어 원단을 재단해 주세요.

■ **28 · 29의 재료**(1개 분)
겉감(코튼 · 무지) 20cm폭 20cm
안감(코튼 · 꽃무늬) 20cm폭 20cm
금속 지퍼(20cm) 1개
스웨이드 테이프(25mm폭) 10cm

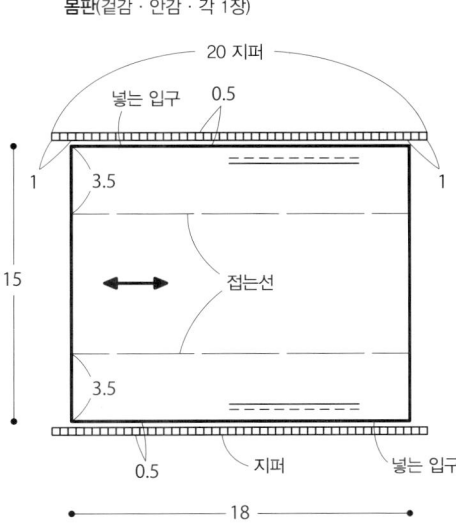

**제도**

**몸판**(겉감 · 안감 · 각 1장)

20 지퍼
넣는 입구 0.5
1
3.5
15
접는선
3.5
1
0.5
지퍼
넣는 입구
18

**만드는 방법** **1** 겉감과 안감을 맞춰 봉합한다.

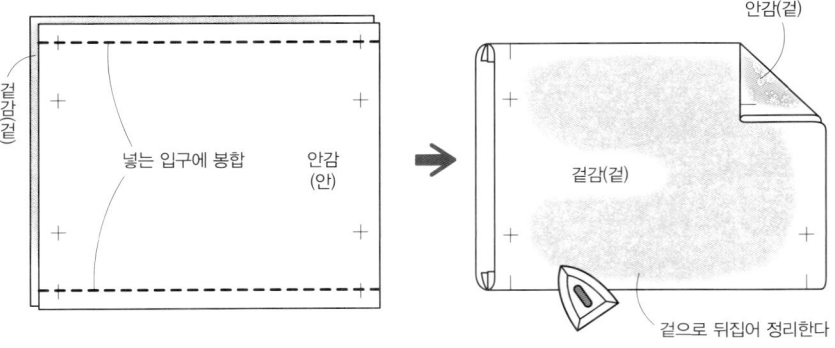

겉감(겉)

넣는 입구에 봉합  안감(안)

안감(겉)

겉감(겉)

겉으로 뒤집어 정리한다

**2** 지퍼를 단다.

안감(겉)

완성선에서 0.3 앞까지 봉합

0.5

겉감(겉)

지퍼(겉)

겉감(겉)

안감(겉)

1

**3** 옆선을 봉합한다.

지퍼의 양 끝을 안으로 넣는다
열어둔다
안감(겉)
①안쪽으로 뒤집어 접는선을 접는다
②봉합
③함께 지그재그봉합 또는 오버록 통솔처리

**4** 지퍼의 양 끝을 마무리한다.

②지퍼의 바탕천을 안쪽에서 반으로 접는다
①겉으로 뒤집는다  겉감(겉)
0.7
0.5
③봉합

길이 4의 스웨이드 테이프
2
2.5
끼워 상침

**완성**

8
18

◆ 제도에는 시접이 포함되어 있지 않습니다. 1cm의 시접을 주어 원단을 재단해 주세요.

■ 30의 재료

A천(코튼 아사・꽃무늬) 40cm폭 30cm
B천(튤 레이스) 40cm폭 30cm
둥근 고무줄(굵기 3mm) 20cm

■ 31・32의 재료(1개 분)

겉감(코튼 아사・꽃무늬) 95cm폭 30cm
둥근 고무줄(굵기 3mm) 20cm

**A천・B천 재단배치도**

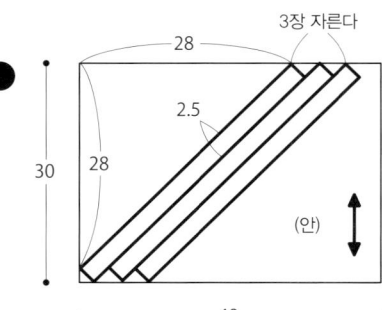

3장 자른다
28
2.5
30
28
(안)
40

**30 만드는 방법**

**1** A천, B천 각각에 주름을 잡고 꽃을 2개 만든다.

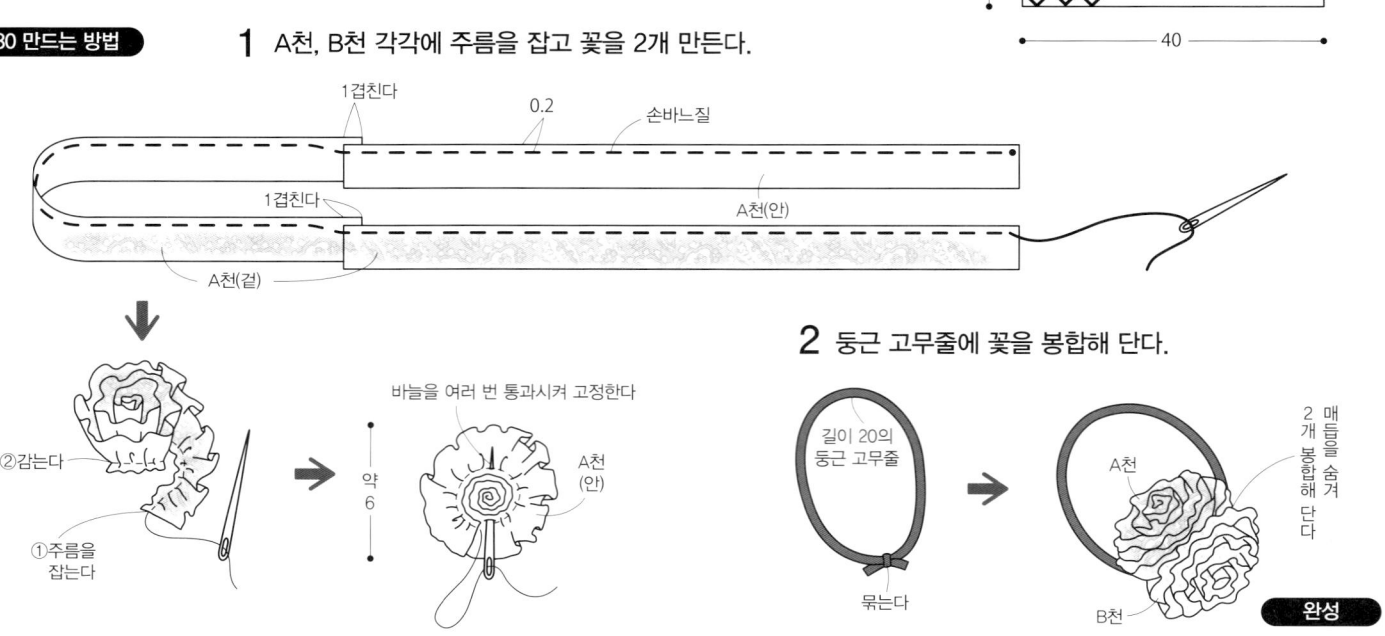

1겹친다
0.2
손바느질
1겹친다
A천(안)
A천(겉)

②감는다
①주름을 잡는다
약 6
바늘을 여러 번 통과시켜 고정한다
A천(안)

**2** 둥근 고무줄에 꽃을 봉합해 단다.

길이 20의 둥근 고무줄
묶는다
A천
B천
2개 매듭을 숨겨 봉합해 단다
**완성**

**31・32 만드는 방법**

**1** 1장씩 두꺼운 종이에 감아 빼낸다.

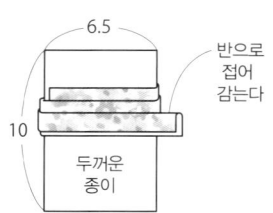

6.5
반으로 접어 감는다
10
두꺼운 종이

**겉감 재단배치도**

20장 자른다
25
2.5
30
25
(안)
95

**2** 10장씩 묶는다.

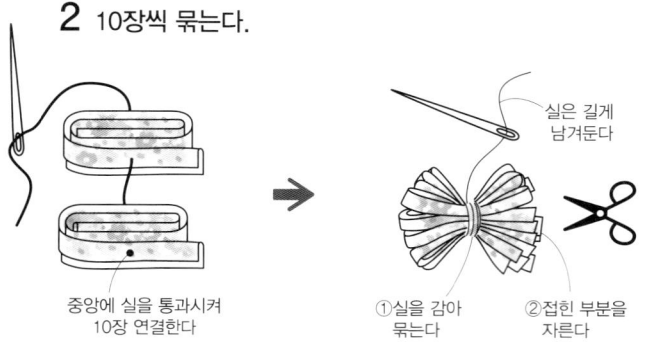

중앙에 실을 통과시켜 10장 연결한다
실은 길게 남겨둔다
①실을 감아 묶는다
②접힌 부분을 자른다

**3** 방울술을 2개 만들어 둥근 고무줄에 봉합해 단다.

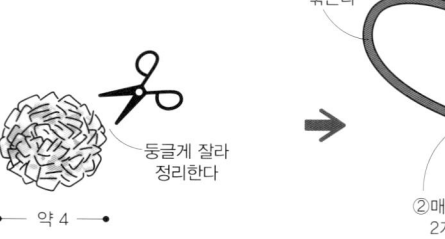

둥글게 잘라 정리한다
약 4
**완성**
①길이 20의 둥근 고무줄을 묶는다
②매듭을 숨겨 2개 봉합해 단다

■ **33의 재료**
겉감(코튼 · 꽃무늬) 90cm폭 15cm
둥근 고무줄(굵기 3mm) 20cm

■ **34의 재료**
겉감(코튼 · 도트 무늬) 90cm폭 25cm
둥근 고무줄(굵기 3mm) 20cm

**제도**

33 · 34의 몸판(겉감 · 1장)

접는선

10

88

둥근 고무줄

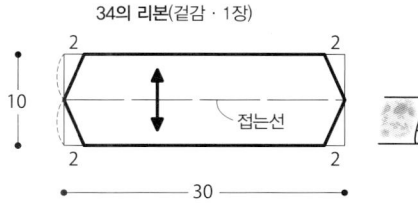

34의 리본(겉감 · 1장)

2        2
접는선
10
2        2
30

**만드는 방법** (33 · 34 공통)

**1** 몸판을 반으로 접고, 창구멍을 남기고 봉합한다.

창구멍을
6남기고 봉합한다

②봉합

창구멍을
6남기고 봉합한다

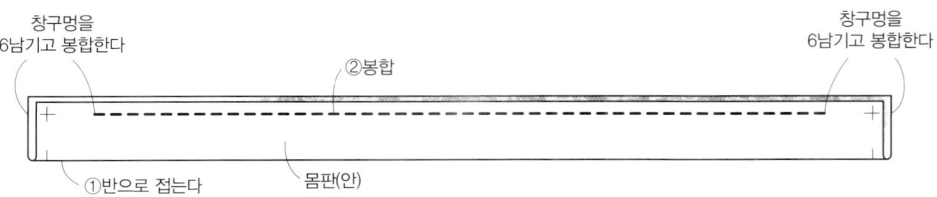

①반으로 접는다
몸판(안)

**2** 겉으로 뒤집고 끝을 봉합한다.

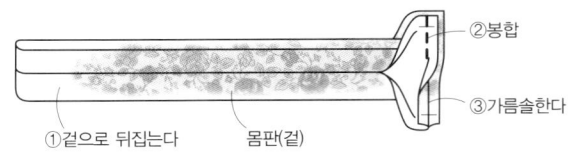

②봉합

③가름솔한다

①겉으로 뒤집는다
몸판(겉)

**3** 고무줄을 통과시키고 창구멍을 막는다.

길이 20의 둥근 고무줄을
통과시켜 묶는다

약 13

33

창구멍 봉합

**완성**

◆ **34의 리본 만드는 방법**

**1** 창구멍을 남기고 둘레를 봉합한다.

①반으로 접는다
리본(안)

②봉합

창구멍을
10남기고 봉합한다

**2** 겉으로 뒤집어 창구멍을 막는다.

①겉으로 뒤집는다

②창구멍 봉합

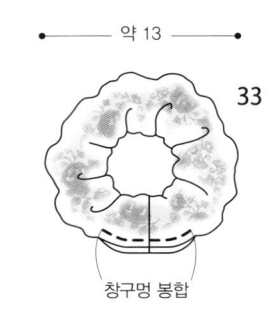

약 13

34

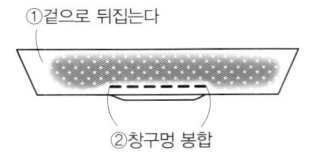

리본을 묶는다

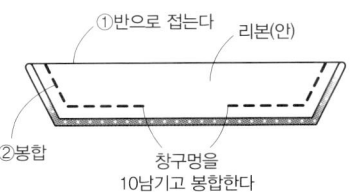

◆ 제도에는 시접이 포함되어 있지 않습니다. 1cm의 시접을 주어 원단을 재단해 주세요.

■ 재료
겉감(폴리에스테르 새틴) 50cm폭 20cm
레이스(5mm폭) 1m
나무 구슬(10mm폭) 1개
둥근 고무줄(굵기 3mm) 20cm

◆ 제도에는 시접이 포함되어 있지 않습니다.
  1cm의 시접을 주어 원단을 재단해 주세요.

**제도**

몸판(겉감 · 2장)     ★ = 고무줄 통로 입구

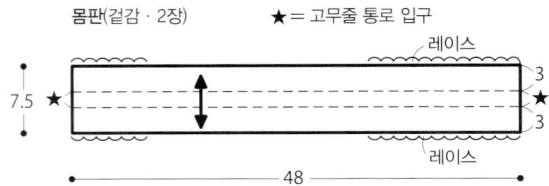

7.5     레이스 / 3 / 3 / 레이스 / 48

**만드는 방법**

## 1 레이스를 단다.

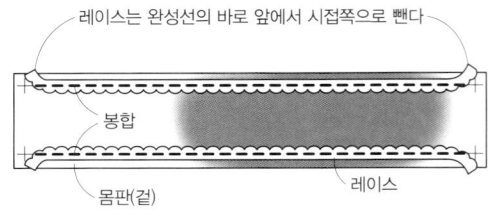

레이스는 완성선의 바로 앞에서 시접쪽으로 뺀다
봉합
몸판(겉)     레이스

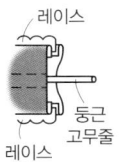

레이스
둥근
고무줄
레이스

## 2 창구멍을 남기고 몸판 2장을 맞춰 봉합한다.

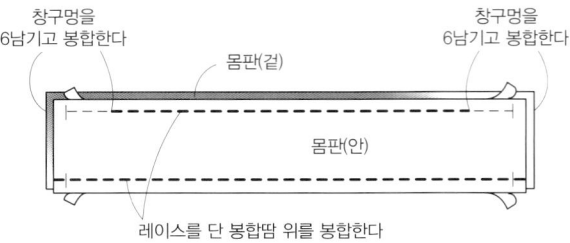

창구멍을
6남기고 봉합한다
몸판(겉)
창구멍을
6남기고 봉합한다
몸판(안)
레이스를 단 봉합땀 위를 봉합한다

## 3 겉으로 뒤집고 끝을 봉합한다.

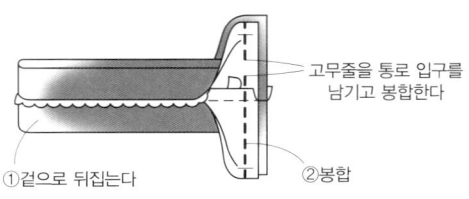

①겉으로 뒤집는다
고무줄을 통로 입구를
남기고 봉합한다
②봉합

## 4 창구멍을 막고 고무줄 통로 위치를 봉합한다.

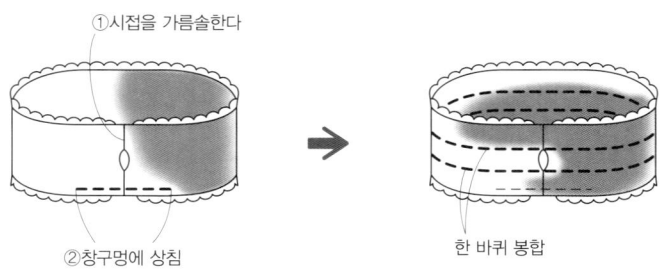

①시접을 가름솔한다
②창구멍에 상침
한 바퀴 봉합

## 5 고무줄을 통과시킨다.

①길이 20의
둥근 고무줄을
통과시킨다
②나무 구슬에 통과시키고
끝을 묶는다

**완성**

··········

## 실물크기 패턴

### 15 페이지 24 · 25 의 둥근 모서리

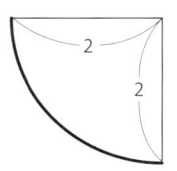

2
2

### 20 페이지 36~40

몸판
36 = 겉감 · 3장
37 = 겉감 · 1장
38 · 39 = 겉감 · 각 1장
40 = 겉감 3종류 · 각 1장

골선
시접 없이
자른다

# 20 페이지 36 · 37 · 38 · 39 · 40

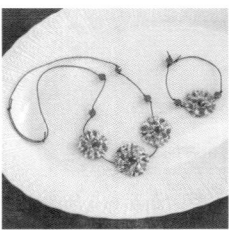

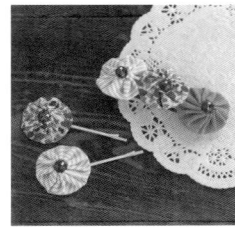

**■ 36의 재료**
겉감(코튼 · 꽃무늬) 25cm폭 10cm
비즈(8mm) 7개
끈(굵기 1mm) 80cm

**■ 37의 재료**
겉감(코튼 · 꽃무늬) 10cm폭 10cm
비즈(8mm) 4개
끈(굵기 1mm) 30cm

**■ 38 · 39의 재료**(1개 분)
겉감(코튼 · **38**은 꽃무늬 **39**는 스트라이프) 10cm폭 10cm
비즈(8mm) 1개
헤어핀 1개

**■ 40의 재료**
겉감(코튼 · 3종류) 10cm폭 10cm
비즈(8mm) 3개
바레트(길이 8cm) 1개

**●실물크기 패턴은 58페이지**

## ＊ 요요 퀼트 만드는 방법 ＊

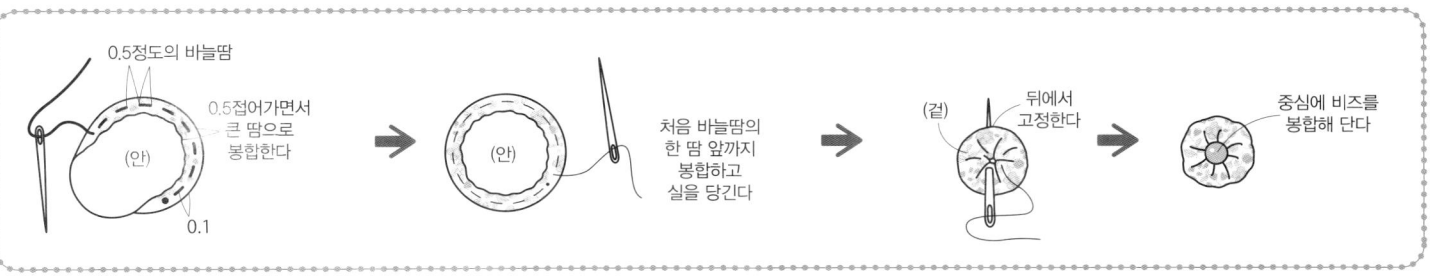

0.5정도의 바늘땀
0.5접어가면서
큰 땀으로
봉합한다
(안)
0.1
(안)
처음 바늘땀의
한 땀 앞까지
봉합하고
실을 당긴다
(겉)
뒤에서
고정한다
중심에 비즈를
봉합해 단다


**36 만드는 방법**

매듭을 만들면서 좌우에 비즈를 통과시킨다.
요요 퀼트를 봉합해 달고 마지막에 끈 끝을 묶는다.

끈의 길이를 조절할 수 있는 묶는 방법
④묶는다
(만들기 끝)
길이 80의 끈
3.5
비즈
②매듭
①매듭
(만들기 시작)
8
5
중앙
③요요 퀼트를 봉합해 단다
뒤
끈
봉합해 단다


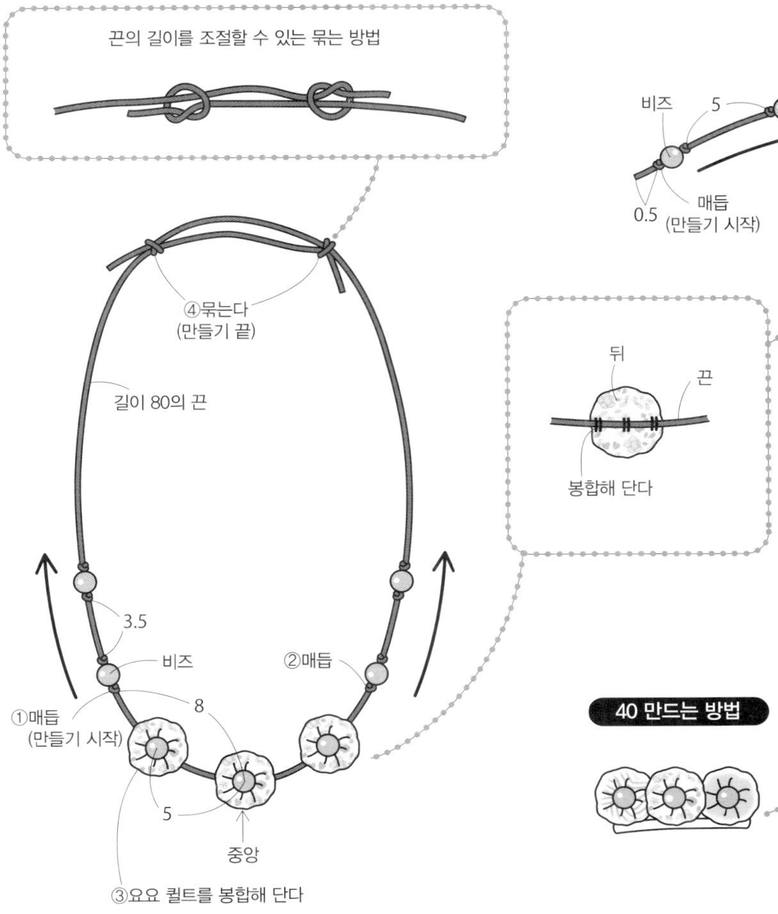

**37 만드는 방법**

매듭을 만들면서 비즈를 통과시키고
요요 퀼트를 봉합해 달고 마지막에 끈 끝에 고리를 만든다.

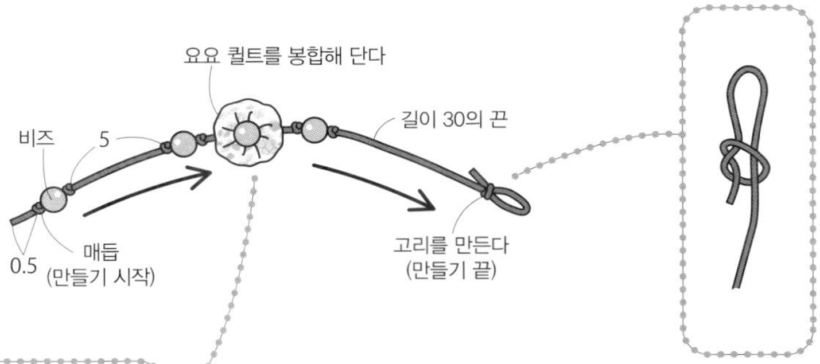

요요 퀼트를 봉합해 단다
비즈
5
길이 30의 끈
0.5
매듭
(만들기 시작)
고리를 만든다
(만들기 끝)


**38 · 39 만드는 방법**

헤어핀
뒤
헤어핀
봉합해 단다


**40 만드는 방법**

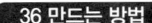

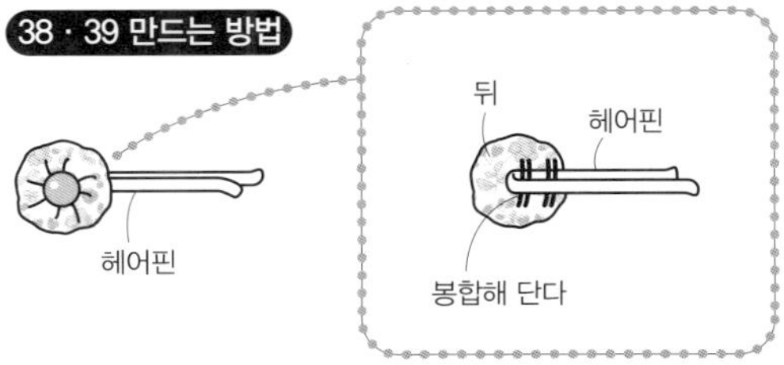

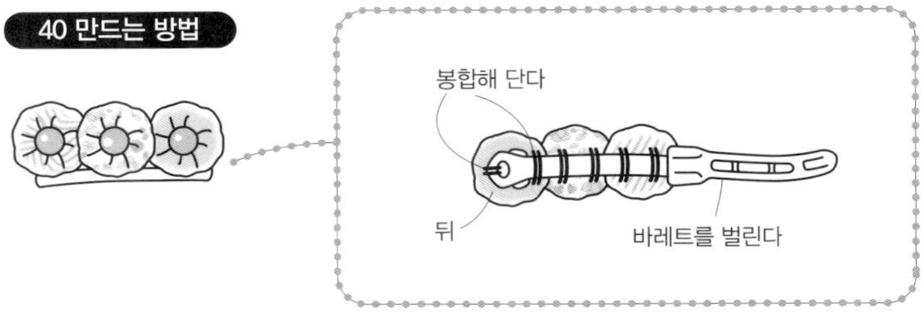

봉합해 단다
뒤
바레트를 벌린다


**◆ 시접 없이 원단을 재단해 주세요.**

■ **재료**
겉감(코튼 · 꽃무늬) 55cm폭 30cm
고무줄(10mm폭) 15cm

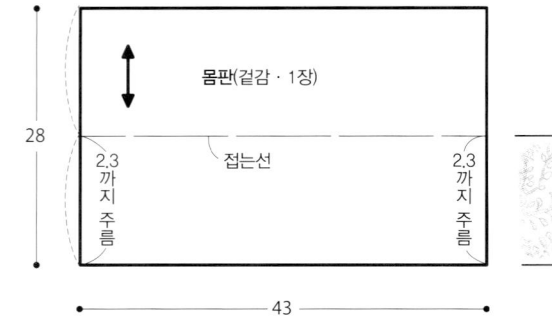

고정천(겉감 · 1장)
접는선
고무줄을 통과시킨다
2.5
고무줄
5
20

몸판(겉감 · 1장)
28
2.3 까지 주름
접는선
2.3 까지 주름
43

**만드는 방법**

**1** 몸판을 만든다.

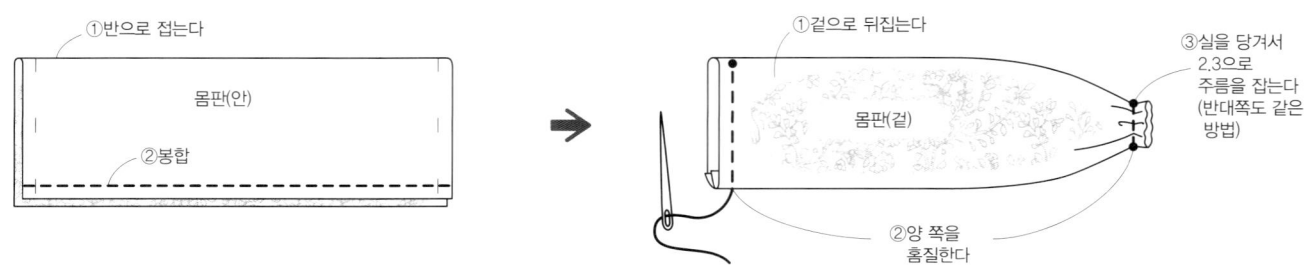

①반으로 접는다
몸판(안)
②봉합

①겉으로 뒤집는다
몸판(겉)
②양 쪽을 홈질한다
③실을 당겨서 2.3으로 주름을 잡는다 (반대쪽도 같은 방법)

**2** 고정천을 만든다.

①반으로 접는다
고정천(안)
②봉합

①겉으로 뒤집는다
②양쪽의 시접을 접어 넣는다

**3** 몸판에 고무줄을 통과시킨다.

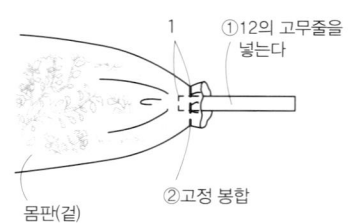

1
①12의 고무줄을 넣는다
②고정 봉합
몸판(겉)

**4** 고정천을 통과시키고 몸판을 맞춰 봉합한다.

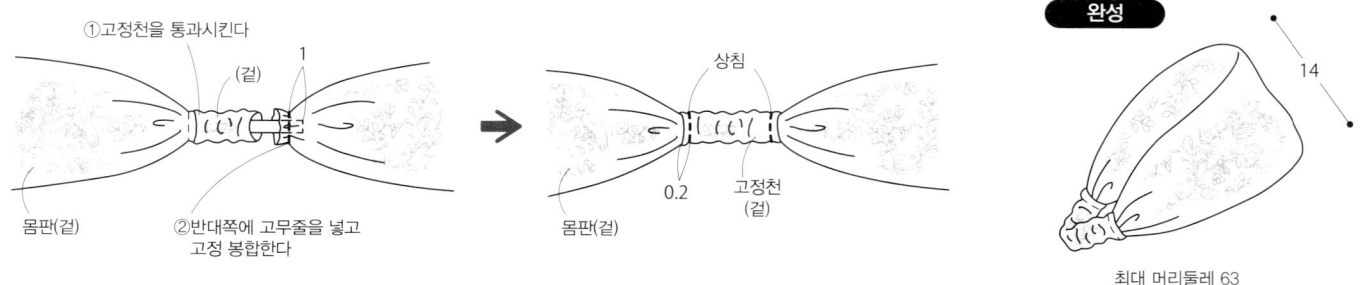

①고정천을 통과시킨다
(겉)
1
몸판(겉)
②반대쪽에 고무줄을 넣고 고정 봉합한다

상침
0.2
몸판(겉)
고정천 (겉)

**완성**
14
최대 머리둘레 63

◆ **제도에는 시접이 포함되어 있지 않습니다. 1cm의 시접을 주어 원단을 재단해 주세요.**

■ 재료

겉감(레이스 원단) 40cm폭 35cm
안감(코튼 오건디) 40cm폭 35cm
레이스(7mm폭) 1m
공단테이프(7mm폭) 70cm

실물크기 패턴

골선

뒷중심

칼라
( 겉감 · 안감 · )
각 1장

만드는 방법

**1** 겉감에 레이스를 달고 안감을 맞춰 봉합한다.

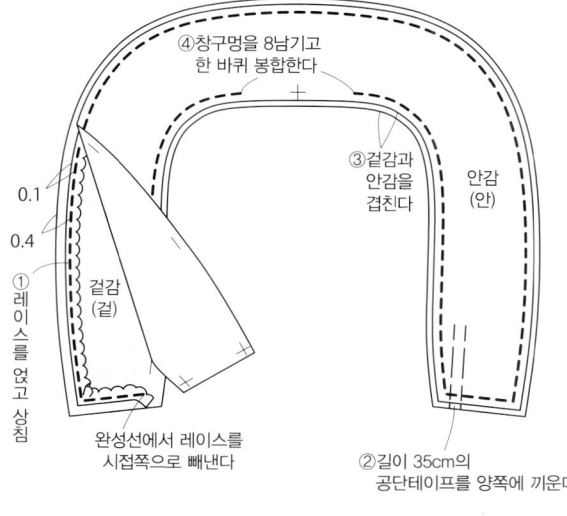

④창구멍을 8남기고
한 바퀴 봉합한다

0.1
0.4
①레이스를 얹고 상침

겉감
(겉)

③겉감과
안감을
겹친다

안감
(안)

완성선에서 레이스를
시접쪽으로 빼낸다

②길이 35cm의
공단테이프를 양쪽에 끼운다

**2** 겉으로 뒤집어 창구멍을 공그르기한다.

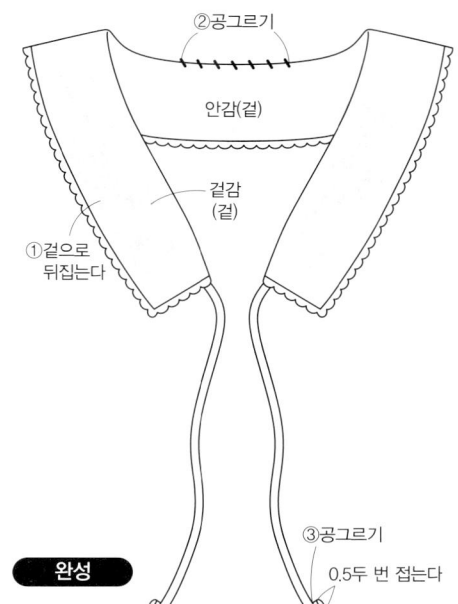

②공그르기

안감(겉)

겉감
(겉)

①겉으로
뒤집는다

③공그르기
0.5두 번 접는다

완성

〈패턴 베끼는 방법〉

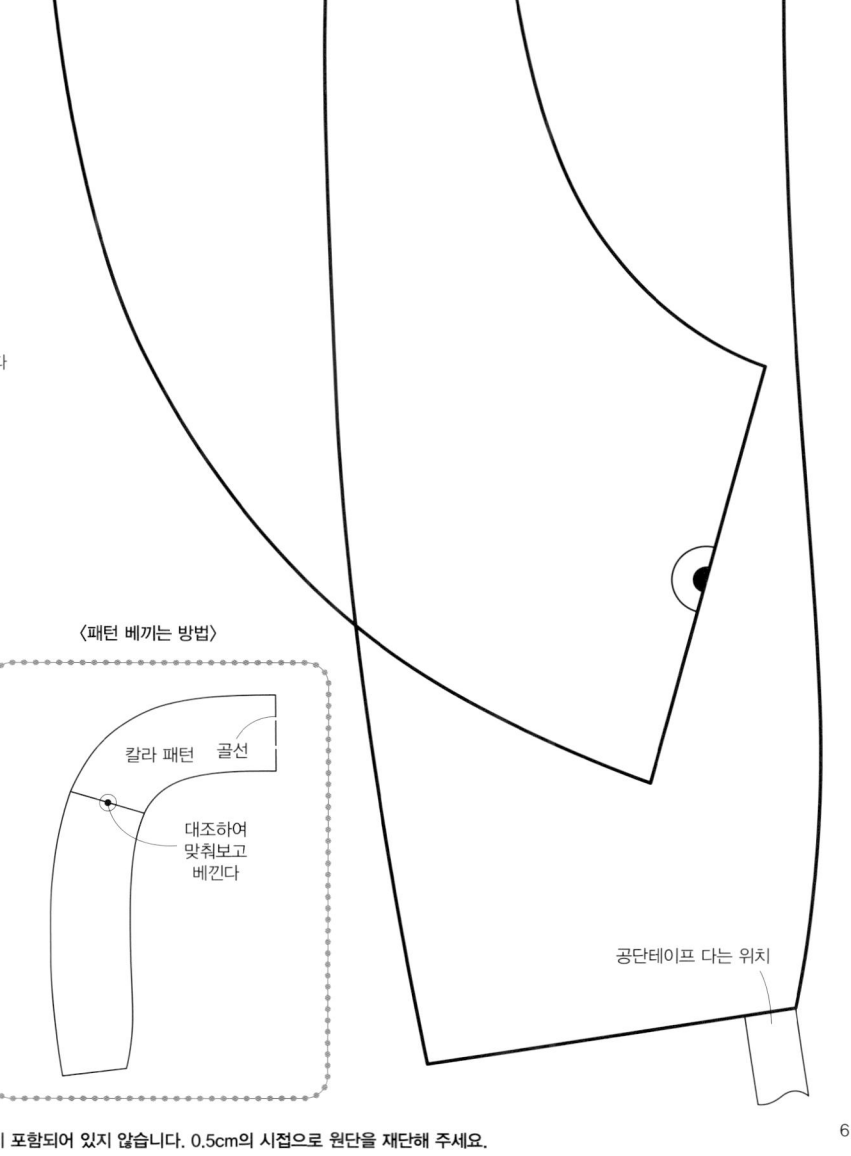

칼라 패턴    골선

대조하여
맞춰보고
베낀다

공단테이프 다는 위치

◆ 패턴에는 시접이 포함되어 있지 않습니다. 0.5cm의 시접으로 원단을 재단해 주세요.

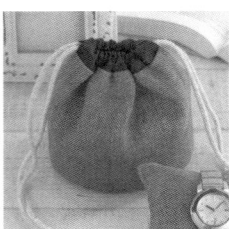

**■ 재료**
겉감(코튼 · 헤링본) 45cm폭 15cm
안감(코튼 · 무지) 45cm폭 20cm
둥근 끈(굵기 3mm) 1m
●바닥의 실물크기 패턴은 80페이지

**제도**

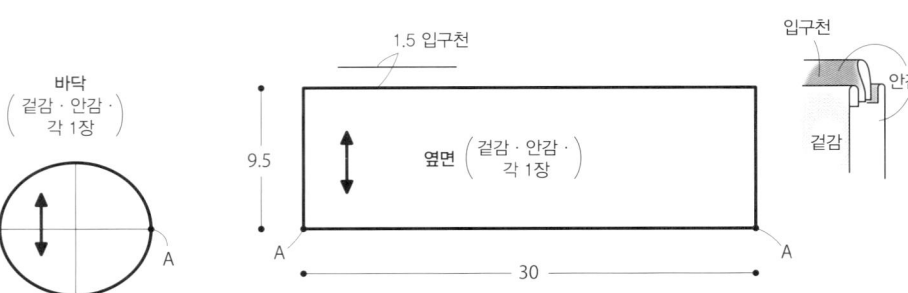

입구천(안감 · 2장)
끈 통로 입구
접는선
3
0.5
15

1.5 입구천

바닥
(겉감 · 안감 · 각 1장)

옆면
(겉감 · 안감 · 각 1장)

9.5
A
A
A
30

입구천
안감
겉감

**만드는 방법**

**1** 옆면의 옆선을 봉합한다.

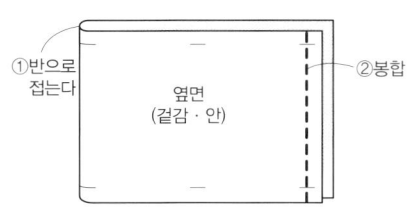

①반으로 접는다
옆면
(겉감 · 안)
②봉합

①반으로 접는다
옆면
(안감 · 안)
②봉합
창구멍을 5남기고 봉합한다

**2** 옆면과 바닥을 맞춰 봉합한다.
(안감도 같은 방법)

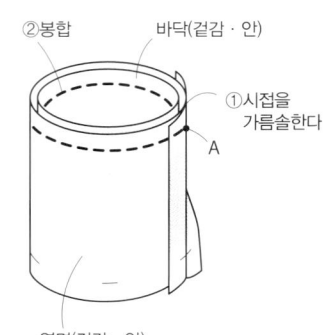

②봉합
바닥(겉감 · 안)
①시접을 가름솔한다
A
옆면(겉감 · 안)

**3** 끈 통로 입구를 봉합한다.

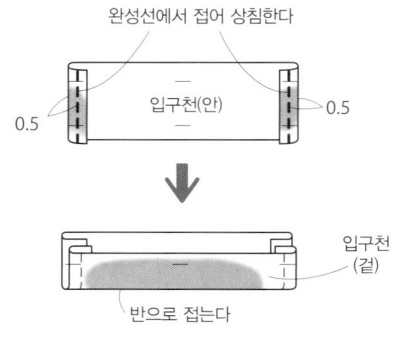

완성선에서 접어 상침한다
입구천(안)
0.5
0.5

입구천(겉)
반으로 접는다

**4** 겉옆면에서 입구천을 봉합해 단다.

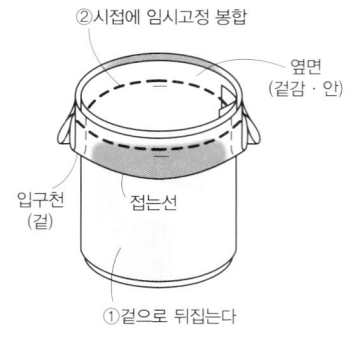

②시접에 임시고정 봉합
옆면
(겉감 · 안)
입구천(겉)
접는선
①겉으로 뒤집는다

〈둥근 끈 통과시키는 방법〉
50
묶는다

**5** 겉몸판과 안몸판을 맞춰 봉합한다.

②봉합
(겉감 · 안)
①안몸판을 겹친다
(안감 · 안)

**6** 창구멍을 막고, 둥근 끈을 통과시킨다.

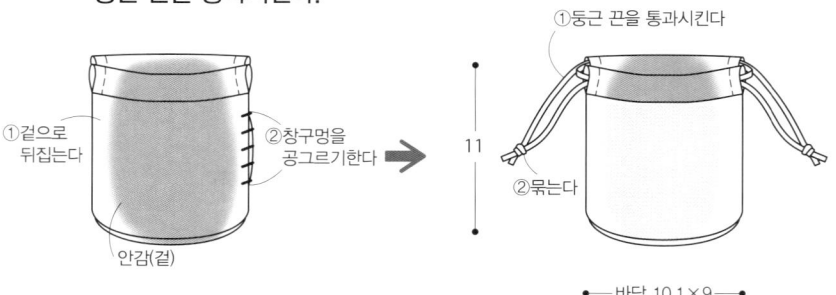

①겉으로 뒤집는다
②창구멍을 공그르기한다
안감(겉)

**완성**

①둥근 끈을 통과시킨다
②묶는다
11
●바닥 10.1×9

◆ 제도 · 패턴에는 시접이 포함되어 있지 않습니다. 1cm의 시접을 주어 원단을 재단해 주세요.

■ **44의 재료**
겉감(코튼 · 헤링본) 20cm폭 15cm
방울솜 적당량

■ **45의 재료**
겉감(코튼 · 헤링본) 10cm폭 10cm
방울솜 적당량

**44 제도**　몸판(겉감 · 1장)

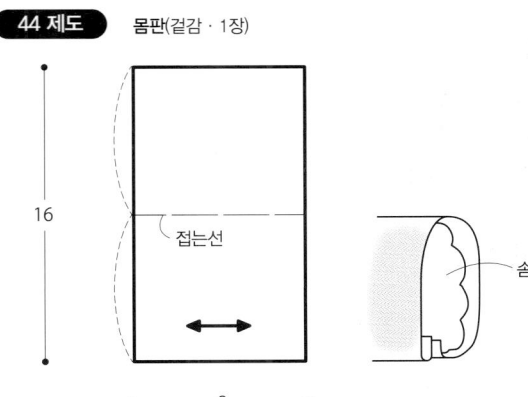

**44 만드는 방법**

**1** 창구멍을 남기고
둘레를 봉합한다.

②봉합

몸판
(안)

창구멍을 5 남기고 봉합한다

①반으로 접는다

**2** 솜을 넣고
창구멍을 막는다.

①겉으로 뒤집는다

②솜을
넣는다

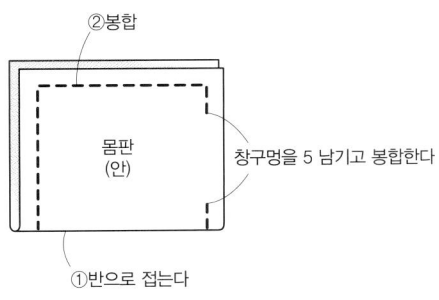

➡

**완성**

8

시접을 접어 넣고
공그르기한다

9

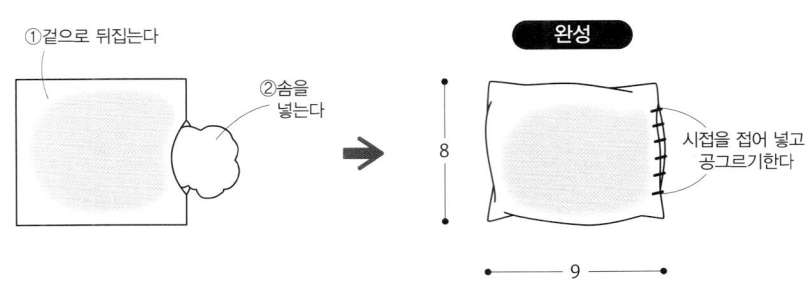

---

**45 만드는 방법**

**45 제도**

몸판(겉감 · 1장)

7

7

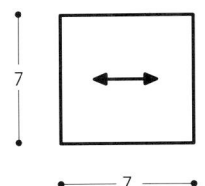

**1** 반으로 접어 봉합한다.

②봉합

몸판
(안)

①반으로 접는다

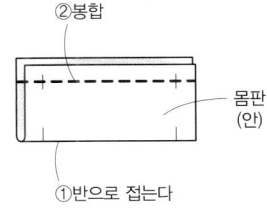

**2** 시접을 가름솔하고 한쪽 끝을 봉합한다.

①솔기를 중앙으로 하고
가름솔한다

②봉합

(안)

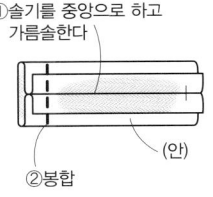

**3** 솜을 넣고 막는다.

①겉으로 뒤집는다

②솜을
넣는다

➡

시접을 접어 넣고
공그르기한다

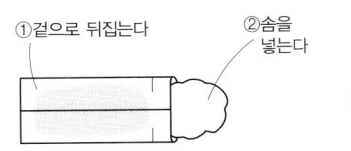

**4** 양 끝을 잡아
봉합해 단다.

3.5

양 끝을
봉합해 단다

약 6

**완성**

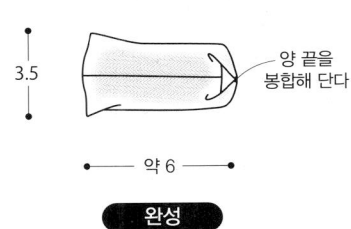

◆ 제도에는 시접이 포함되어 있지 않습니다. 1cm의 시접을 주어 원단을 재단해 주세요.

몸판(A천 · B천 · 퀼팅솜 · 각 1장)

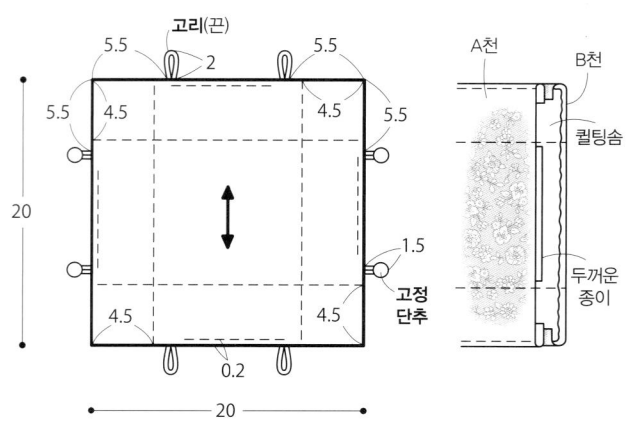

**■ 46 · 47 · 48의 재료**(1개 분)

A천(코튼 · 꽃무늬) 25cm폭 25cm
B천(코튼 · 꽃무늬) 25cm폭 25cm
퀼팅솜 25×25cm
끈(굵기2mm) 70cm
나무 구슬(10mm) 4개
두꺼운 종이 20×20cm

고리(끈)
5.5  2  5.5
5.5  4.5  4.5  5.5
20  1.5
고정 단추
4.5  4.5
0.2
20

A천  B천  퀼팅솜  두꺼운 종이

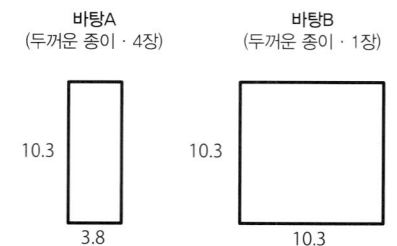

바탕A
(두꺼운 종이 · 4장)
10.3
3.8

바탕B
(두꺼운 종이 · 1장)
10.3
10.3

**만드는 방법**

**1** 고리, 고정 단추를
4개씩 만든다.

①길이 6의 끈을
반으로 접는다

고리

고정 단추
(나무 구슬)

①길이 10의
끈을
통과시킨다

②묶는다

①당겨
줄인다

2.5

②자른다

**2** B천에 고리를
봉합해 단다.

②시접에 고리를 임시고정 봉합한다

①퀼팅솜을
붙인다

B천(겉)

**3** A천과 B천을 맞춰 봉합한다.

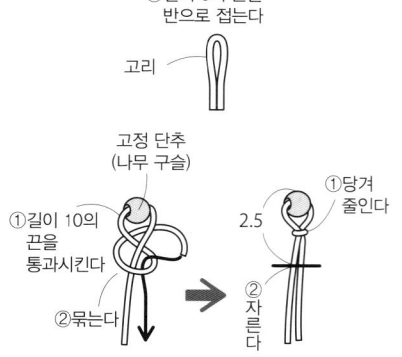

봉합  A천(겉)

5  5
1  1

남기고
봉합한다

B천(안)

남기고
봉합한다

1  1
5  5

**4** 고정 단추를 단다.

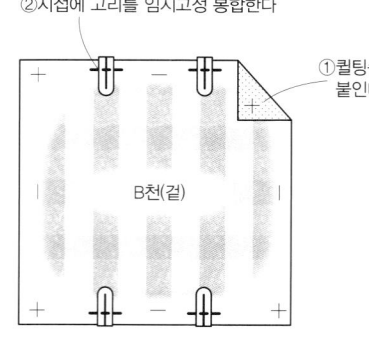

0.2  ③상침

②
고정
단추
를
끼워
넣고

②
공그르기한다

1.5  4.5  ④상침  4.5

A천
(겉)

①겉으로 뒤집고, 시접을
접어 넣는다

**5** 그림의 위치에 바탕A를 넣어 봉합한다.

①바탕A를 넣는다

4.5

②상침

A천
(겉)

**6** 가운데의 열에 바탕A · B를 넣어 봉합한다.

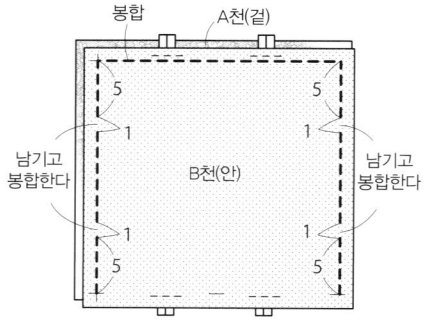

①바탕A · B를 넣는다

4.5

②상침

**7** 마지막 남은 곳에 바탕A를 넣어 봉합한다.

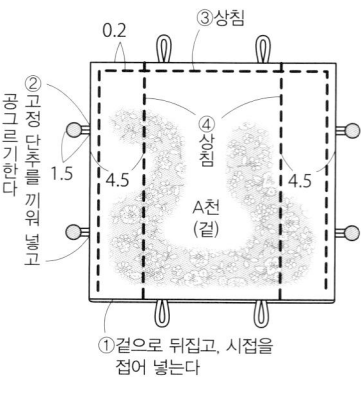

①바탕A를
넣는다

②상침  0.2

**8** 고정 단추에 고리를 건다.

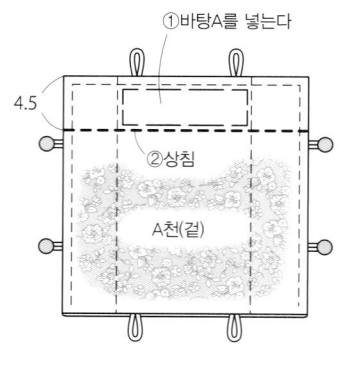

**완성**

4.5

11  11

◆ 제도에는 시접이 포함되어 있지 않습니다. 1cm의 시접을 주어 원단을 재단해 주세요.

■ 재료
A천(코튼 · 꽃무늬) 55cm폭 30cm
B천(코튼 · 체크) 30cm폭 30cm
가방끈(18mm폭) 75cm
둥근 끈(굵기 3mm) 1m30cm

〈둥근 끈 통과시키는 방법〉

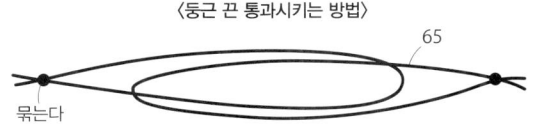

묶는다    65    묶는다

**제도**

손잡이(가방끈)
35

몸판(A천 · 1장)

★                    2.5                    1.3    ★ = 끈 통로 입구

5    0.5    ←→    0.5    5

봉합 끝점    7    0.2    7    봉합 끝점

23    ←→

9

바닥천
(B천 · 1장)

5    5

5    골선    5

25

둥근 끈

A천

B천

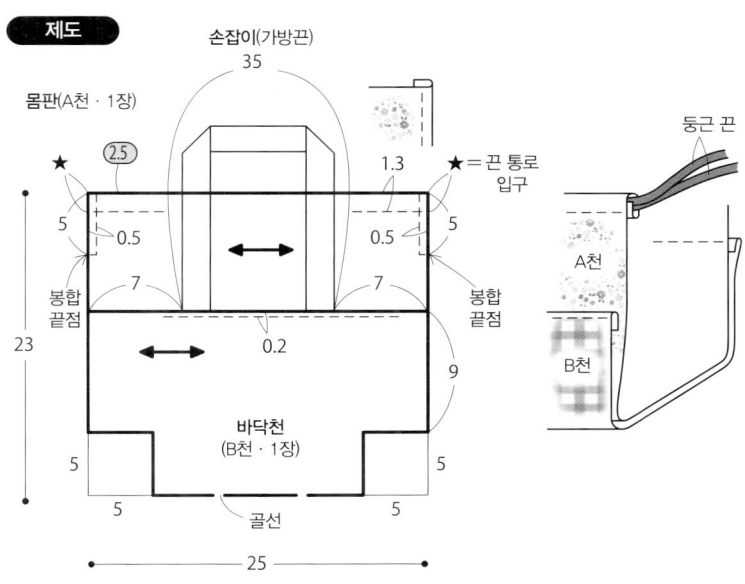

**1  몸판에 손잡이, 바닥천을 단다.**

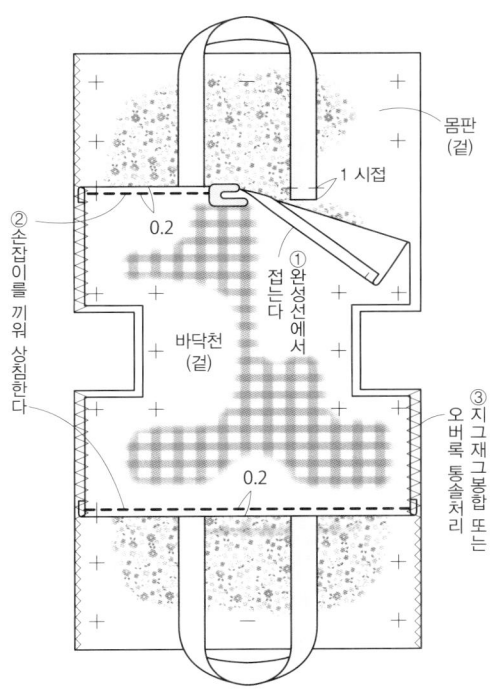

몸판(겉)

1 시접

②손잡이를 끼워 상침한다

0.2

①완성선에서 접는다

바닥천(겉)

0.2

③지그재그봉합 통솔처리 또는 오버록

**2  옆선을 봉합한다.**

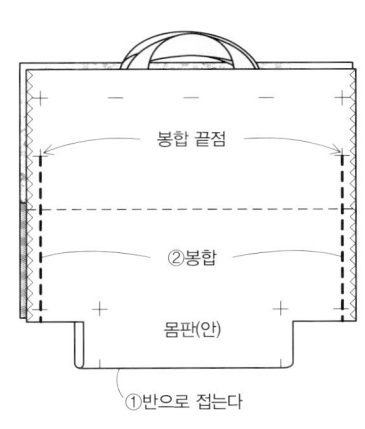

봉합 끝점

②봉합

몸판(안)

①반으로 접는다

**3  밑모서리를 봉합한다.**

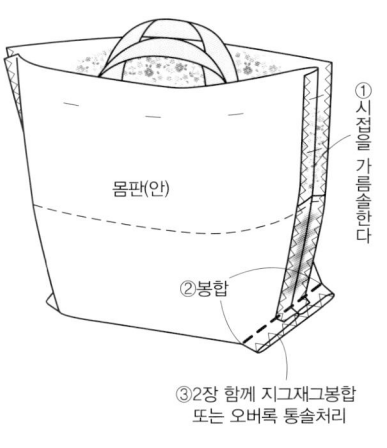

몸판(안)

①시접을 가름솔을 한다

②봉합

③2장 함께 지그재그봉합 또는 오버록 통솔처리

**4  트임을 마무리한다.**

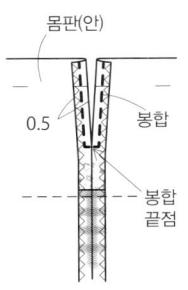

몸판(안)

0.5

봉합

봉합 끝점

**5  입구천을 봉합한다.**

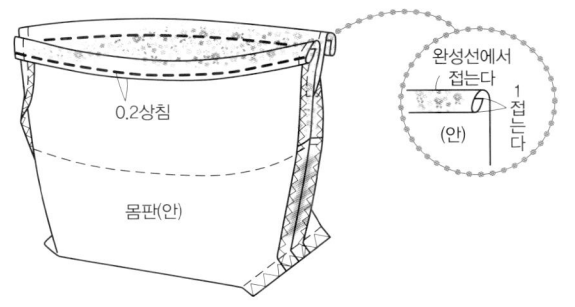

0.2상침

몸판(안)

완성선에서 접는다

1 접는다

(안)

**6  둥근 끈을 통과시킨다.**

②둥근 끈을 통과시킨다

18

①겉으로 뒤집는다

③묶는다

15    10

**완성**

◆ ○안의 숫자는 시접 치수입니다. 지정 이외는 1cm의 시접을 주어 원단을 재단해 주세요.

**■ 재료**

A천(코튼 · 체크) 10cm폭 60cm
B천(코튼 · 꽃무늬) 10cm폭 60cm
둥근 끈(굵기3mm) 60cm

 **만드는 방법**

**1** A천과 B천을 맞춰 봉합한다.

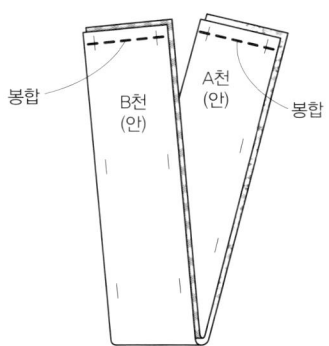

봉합   B천(안)   A천(안)   봉합

**제도**

몸판(A천 · B천 · 각 1장)

넣는 입구
0.3
손바느질
B천
A천

앞
접는선
58
뒤
끈 다는 위치
14
5.5
넣는 입구

**2** 옆선을 봉합한다.

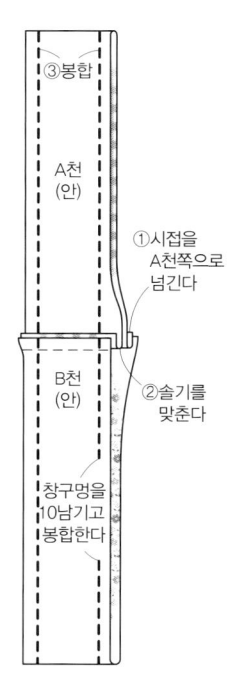

③봉합
A천(안)
①시접을 A천쪽으로 넘긴다
B천(안)
②솔기를 맞춘다
창구멍을 10남기고 봉합한다

**3** 겉으로 뒤집어 넣는 입구를 봉합하고, 둥근 끈을 단다.

①겉으로 뒤집는다
B천(겉)
②창구멍을 공그르기 한다

→

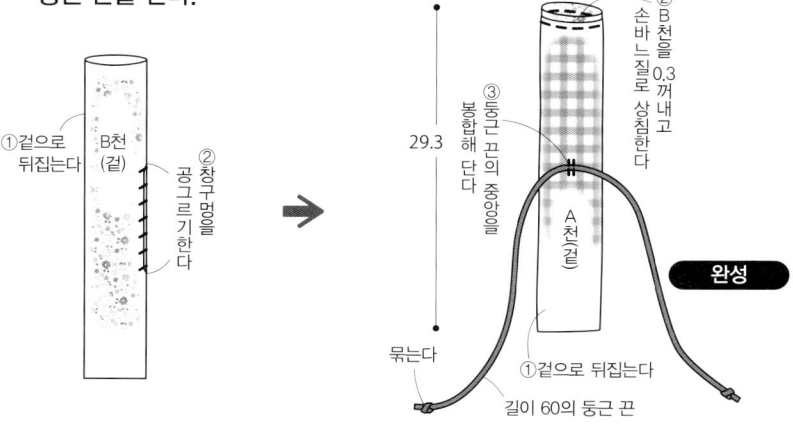

← 5.5 →
②B천을 손바느질로 0.3 꺼내고 상침한다
③둥근 끈의 중앙을 봉합해 단다
29.3
A천(겉)
**완성**
묶는다
①겉으로 뒤집는다
길이 60의 둥근 끈

---

**■ 재료**

A천(리넨 · 무지) 50cm폭 50cm
B천(코튼 · 스트라이프) 50cm폭 50cm
장식테이프(5mm폭) 75cm
와펜(접착식) 1장

**만드는 방법**

**1** A천과 B천을 맞춰 봉합한다.

몸판(A천 · B천 · 각 1장)

봉합   1
A천(겉)   B천(안)   1
창구멍을 10남기고 봉합한다
1   1
50
50

**2** 겉으로 뒤집어 장식테이프를 단다.

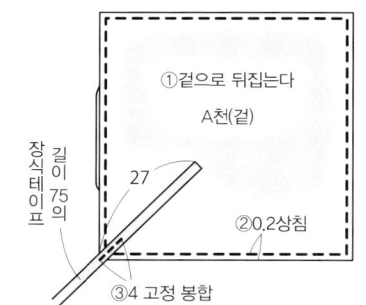

①겉으로 뒤집는다
A천(겉)
장식테이프
길이 75의
27
②0.2상침
③4 고정 봉합

**3** 와펜을 붙인다.

**완성**

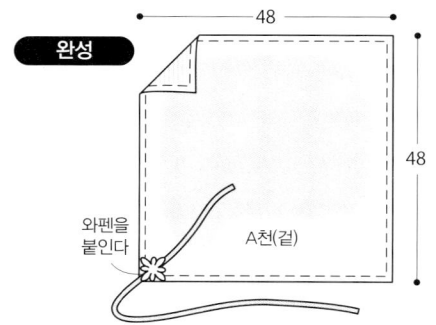

48
48
A천(겉)
와펜을 붙인다

---

◆ 제도에는 시접이 포함되어 있지 않습니다. 1cm의 시접으로 원단을 재단해 주세요.

**■ 재료**
A천(리넨 · 무지) 40cm폭 20cm
B천(코튼 · 스트라이프) 40cm폭 35cm
퀼팅솜 40×20cm
와펜(접착식) 1장
장식테이프(15mm폭) 25cm
둥근 끈(굵기3mm) 1m10cm
●바닥의 실물크기 패턴은 80페이지

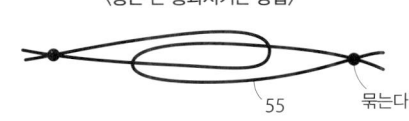

〈둥근 끈 통과시키는 방법〉

55    묶는다

**제도**

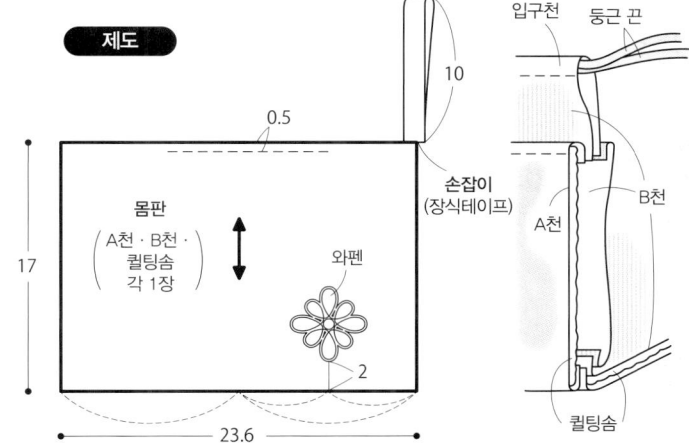

0.5

몸판
(A천 · B천 ·
퀼팅솜
각 1장)

17

와펜

2

23.6

손잡이
(장식테이프)

10

입구천    둥근 끈

A천    B천

퀼팅솜

**만드는 방법**

**1 입구천을 만든다.**

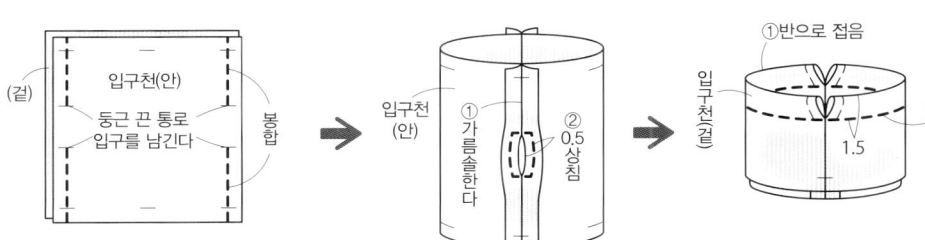

(겉)

입구천(안)

둥근 끈 통로
입구를 남긴다

봉합

입구천
(안)

①가름솔
한다

②0.5
상침

①반으로 접음

②상침

1.5

입구천(겉)

**입구천(B천 · 2장)**

0.5    0.5

12

★

접는선

11.8

★ = 3둥근 끈 통로로 입구

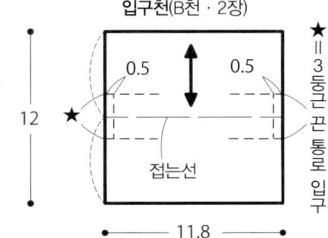

**2 몸판의 옆선을 봉합한다.**

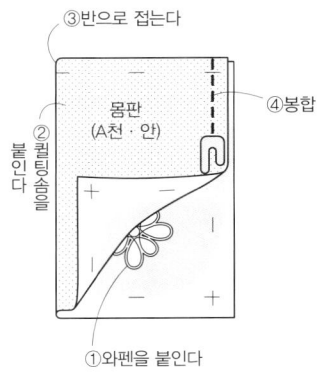

③반으로 접는다

②퀼팅솜을 붙인다

몸판
(A천 · 안)

④봉합

①와펜을 붙인다

①반으로 접는다

몸판
(B천 · 안)

창구멍을
7남기고
봉합한다

봉합

**3 몸판과 바닥을 맞춰 봉합한다.**
(B천도 같은 방법)

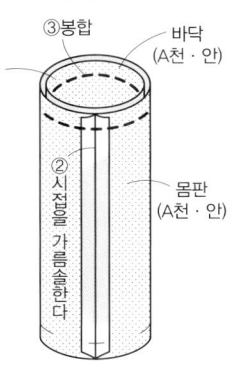

③봉합

바닥
(A천 · 안)

①퀼팅솜를
붙인다

②시접을
가름솔
한다

몸판
(A천 · 안)

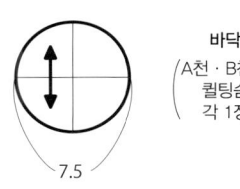

**바닥**
(A천 · B천 ·
퀼팅솜
각 1장)

7.5

**6 둥근 끈을 통과시킨다.**

**4 겉몸판에 손잡이, 입구천을
봉합해 단다.**

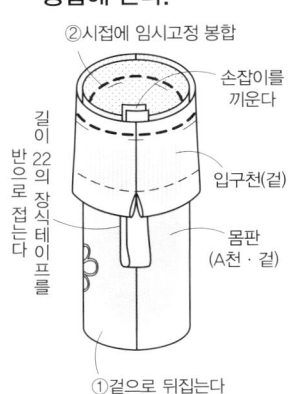

②시접에 임시고정 봉합

손잡이를
끼운다

입구천(겉)

몸판
(A천 · 겉)

길이 22의 장식 테이프를 반으로 접는다

①겉으로 뒤집는다

**5 안몸판을 맞춰 봉합한다.**

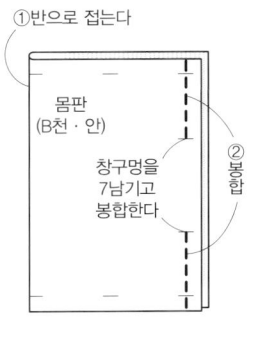

②봉합

몸판
(A천 · 안)

①안몸판을
겹친다

(B천 · 안)

①뒤집는다

①겉으로
뒤집는다

(B천 · 겉)

②창구멍을
공그르기한다

**완성**

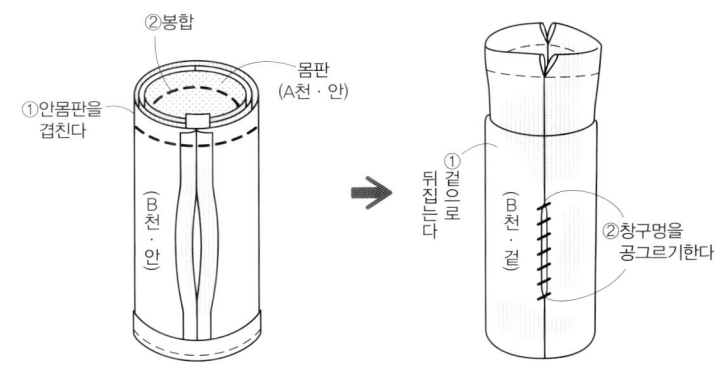

②둥근 끈을 통과시킨다

23

0.5

①한 바퀴
상침

③묶는다

지름 7.5

◆ 제도에는 시접이 포함되어 있지 않습니다. 1cm의 시접을 주어 원단을 재단해주세요.

■ 재료 (사이즈=24.5cm까지)
겉감(코튼 · 꽃무늬) 80cm폭 30cm
안감(코튼 · 스트라이프) 80cm폭 30cm
퀼팅솜 80×30cm
고무줄(15mm폭) 20cm
● 실물크기 패턴은 79페이지

만드는 방법

**1** 옆면의 뒷중심을 봉합한다.(안감도 같은 방법)

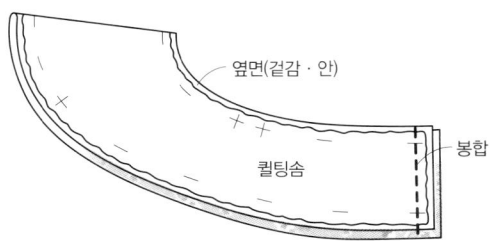

옆면(겉감 · 안)
퀼팅솜
봉합

**2** 밴드를 만든다.

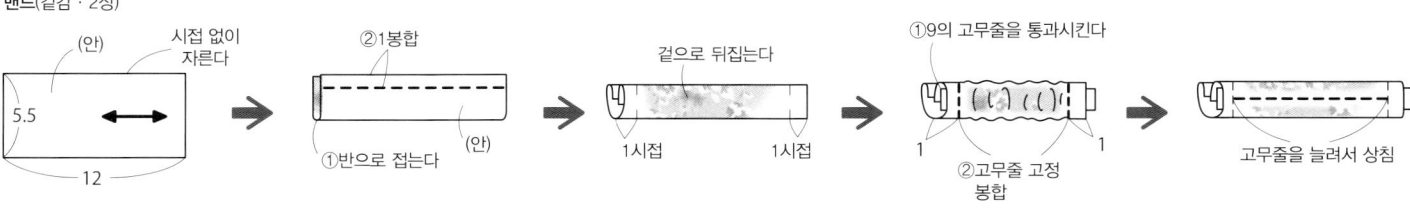

밴드(겉감 · 2장)
(안)
시접 없이 자른다
5.5
12
②1봉합
①반으로 접는다
(안)
겉으로 뒤집는다
1시접
1시접
①9의 고무줄을 통과시킨다
1
②고무줄 고정 봉합
1
고무줄을 늘려서 상침

**3** 밴드를 끼우고, 겉옆면과 안옆면을 맞춰 봉합한다.

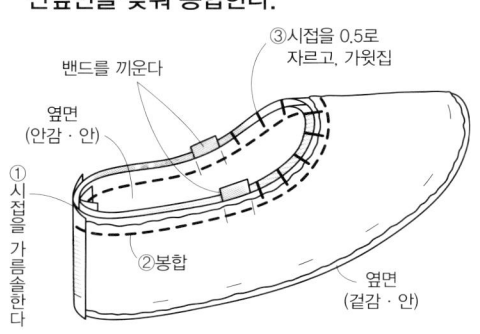

③시접을 0.5로 자르고, 가윗집
밴드를 끼운다
옆면(안감 · 안)
①시접을 가를솔한다
②봉합
옆면(겉감 · 안)

**4** 발끝을 촘촘하게 시침질한다.

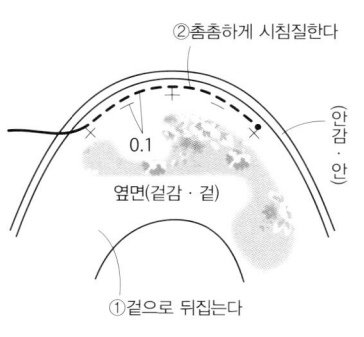

②촘촘하게 시침질한다
0.1
옆면(겉감 · 겉)
(안감 · 안)
①겉으로 뒤집는다

**5** 옆면과 겉바닥을 맞춰 봉합한다.

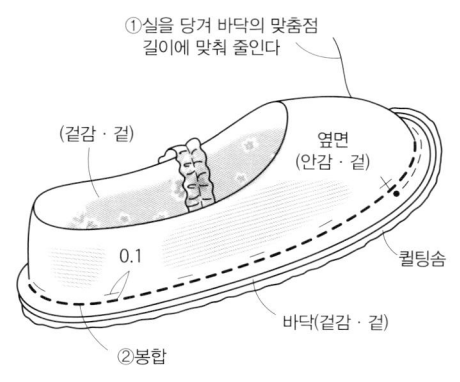

①실을 당겨 바닥의 맞춤점 길이에 맞춰 줄인다
(겉감 · 겉)
옆면(안감 · 겉)
0.1
퀼팅솜
바닥(겉감 · 겉)
②봉합

**6** 5의 위에 안바닥을 겹치고 맞춰 봉합한다.

**7** 겉으로 뒤집는다.

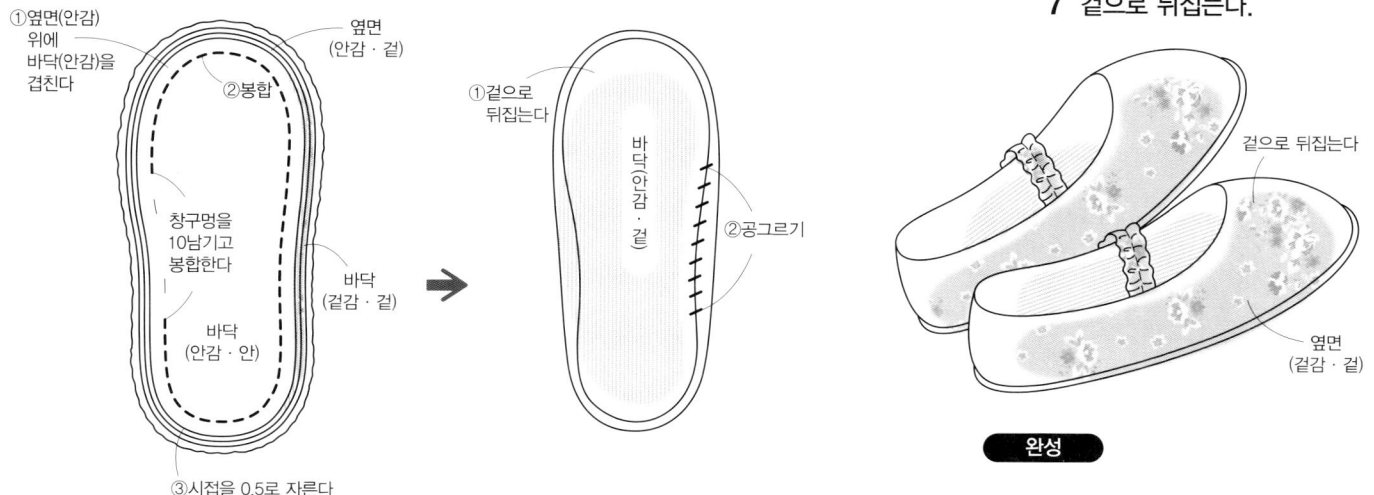

①옆면(안감) 위에 바닥(안감)을 겹친다
②봉합
옆면(안감 · 겉)
창구멍을 10남기고 봉합한다
바닥(겉감 · 겉)
바닥(안감 · 안)
③시접을 0.5로 자른다
①겉으로 뒤집는다
바닥(안감 · 겉)
②공그르기
겉으로 뒤집는다
옆면(겉감 · 겉)
완성

◆ 패턴에는 시접이 포함되어 있지 않습니다. 1cm의 시접을 주어 원단을 재단해 주세요.

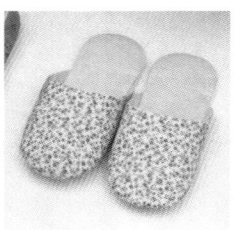

**■ 재료**
겉감(코튼 · 꽃무늬) 80cm폭 30cm
안감(리넨 · 무지) 80cm폭 30cm
퀼팅솜 80×30cm
●실물크기 패턴은 79 · 80페이지

**만드는 방법**

**1** 발등을 봉합한다.

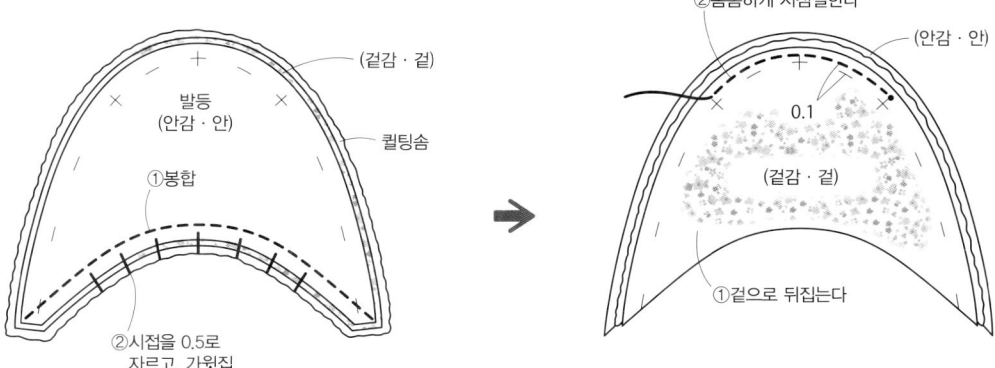

②촘촘하게 시침질한다
(겉감 · 겉)
(안감 · 겉)
발등
(안감 · 안)
퀼팅솜
①봉합
②시접을 0.5로 자르고, 가윗집
②촘촘하게 시침질한다
(안감 · 안)
0.1
(겉감 · 겉)
①겉으로 뒤집는다

**2** 발등과 겉바닥을 맞춰 봉합한다.

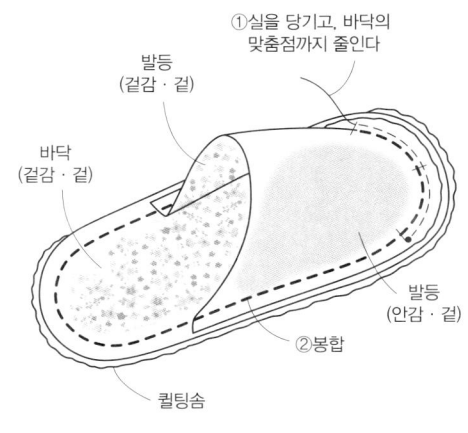

①실을 당기고, 바닥의 맞춤점까지 줄인다
발등
(겉감 · 겉)
바닥
(겉감 · 겉)
②봉합
발등
(안감 · 겉)
퀼팅솜

**3** 2의 위에 안바닥을 겹치고 맞춰 봉합한다.

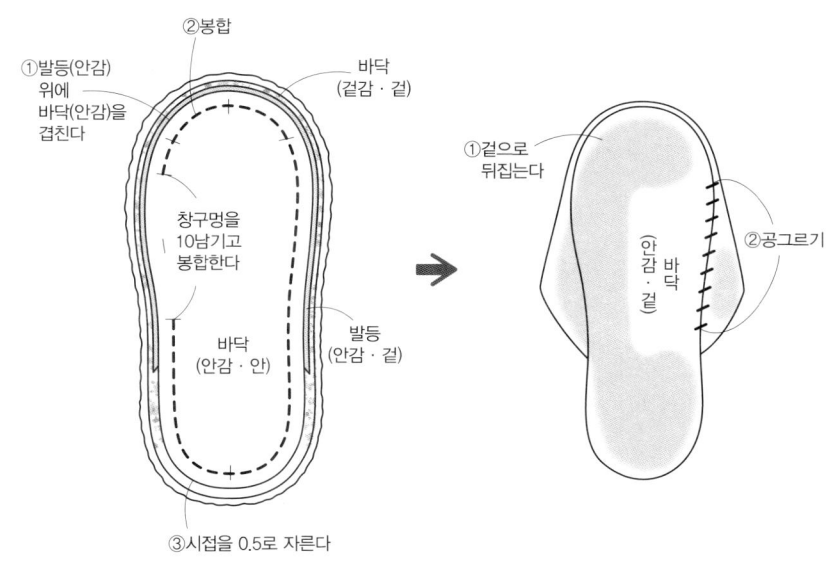

②봉합
①발등(안감) 위에 바닥(안감)을 겹친다
바닥
(겉감 · 겉)
창구멍을 10남기고 봉합한다
발등
(안감 · 겉)
바닥
(안감 · 안)
③시접을 0.5로 자른다
①겉으로 뒤집는다
(안감 · 겉) 바닥
②공그르기

**4** 겉으로 뒤집는다.

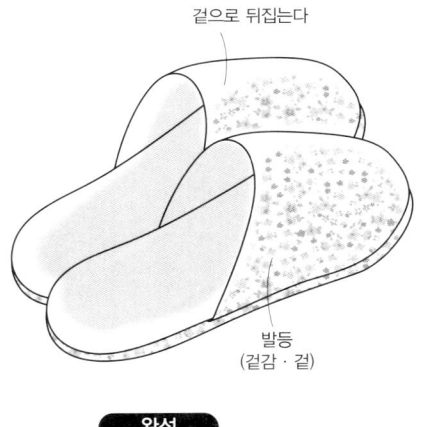

겉으로 뒤집는다
발등
(겉감 · 겉)
**완성**

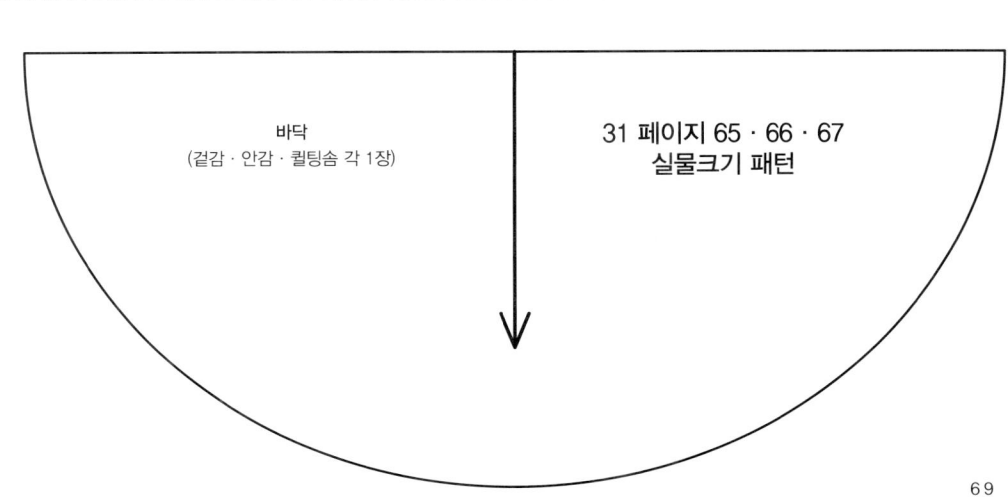

바닥
(겉감 · 안감 · 퀼팅솜 각 1장)

31 페이지 65 · 66 · 67
실물크기 패턴

■ **재료**
A천(코튼 · 꽃무늬) 45cm폭 35cm
B천(코튼 · 도트 무늬) 25cm폭 10cm
레이스(15mm폭) 35cm
스냅단추(지름6mm) 2쌍

**제도**

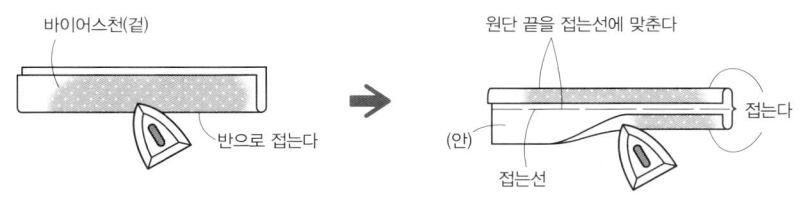

바이어스천

⓪
(B천 · 2장)
21
⓪ 4.8

① 넣는 입구(아래쪽) 0.5
9 스냅단추 9
11
접는선
⓪ 1.2 처리 바이어스 몸판 (A천 · 1장) 1.2 처리 바이어스
41
접는선
11 ⓪
스냅단추 (안쪽)
① 0.5 넣는 입구(위쪽) 0.8 레이스
9 9
35

레이스 3겹친다

**만드는 방법**

**1** 넣는 입구를 봉합한다.

② 완성선에서 접는다  ③ 0.5상침  넣는 입구(위쪽)
① 지그재그봉제 또는 오버록 처리
몸판(안)

⬇

*넣는 입구(아래쪽)도 같은 방법으로 봉합한다

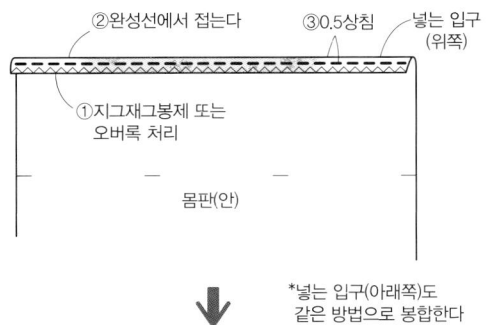

상침  레이스  넣는 입구(위쪽)
몸판(겉)

**2** 바이어스천을 만든다.

바이어스천(겉)
반으로 접는다

원단 끝을 접는선에 맞춘다
(안)  접는선  접는선

**3** 몸판을 접고, 양 옆을 바이어스 처리한다.

접는선
① 접는다
바이어스천(안)
② 접는선에 원단 끝들을 맞춰 봉합
① 접는다
접는선
몸판(겉)

① 뒤로 접는다
몸판(겉)
③ 0.2 상침
② 양 끝을 접는다
바이어스천(겉)

**4** 스냅단추를 단다.

35
19
스냅단추를 단다

**완성**

◆제도에는 시접이 포함되어 있지 않습니다. ◯안의 숫자만큼 시접을 주어 원단을 재단해 주세요.

**■ 56의 재료**

A천(코튼 · 페이즐리) 25cm폭 25cm
B천(코튼 · 무지) 50cm폭 15cm
C천(코튼 · 도트 무늬) 40cm폭 50cm
D천(코튼 · 스트라이프) 15cm폭 50cm
E천(코튼 · 스트라이프에 도트 무늬) 50cm폭 50cm

**■ 57의 재료**

A천(코튼 · 꽃무늬) 25cm폭 25cm
B천(코튼 · 체크) 50cm폭 15cm
C천(코튼 · 작은 꽃무늬) 15cm폭 50cm
D천(코튼 · 도트 무늬) 15cm폭 50cm
E천(리넨 · 무지) 50cm폭 50cm
F천(리넨 · 작은 꽃무늬) 25cm폭 50cm

**제도**

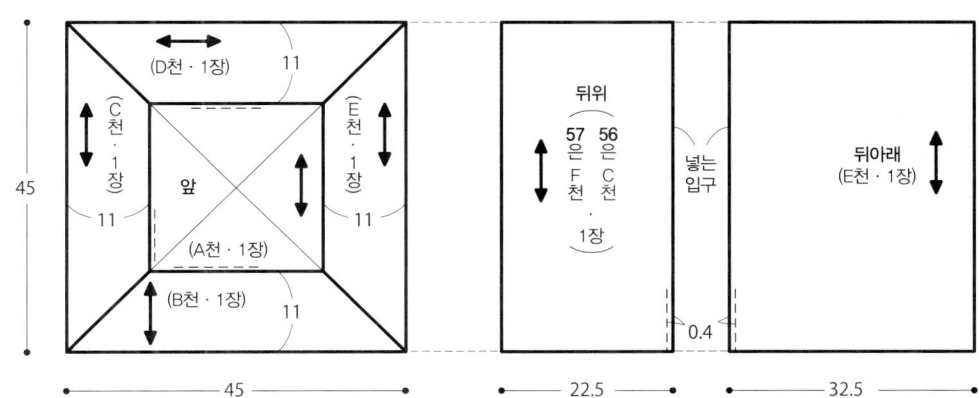

(D천 · 1장)
11
(C천 · 1장)
앞
(E천 · 1장)
11 11
(A천 · 1장)
(B천 · 1장) 11
45
45

뒤위
57은 56은
F천 C천
· ·
1장 1장

넣는 입구

뒤아래
(E천 · 1장)

0.4
22.5  32.5

**만드는 방법**

**1** 앞B · C · D · E천을 맞춰 봉합한다.

봉합
E천(안)
B천(겉)

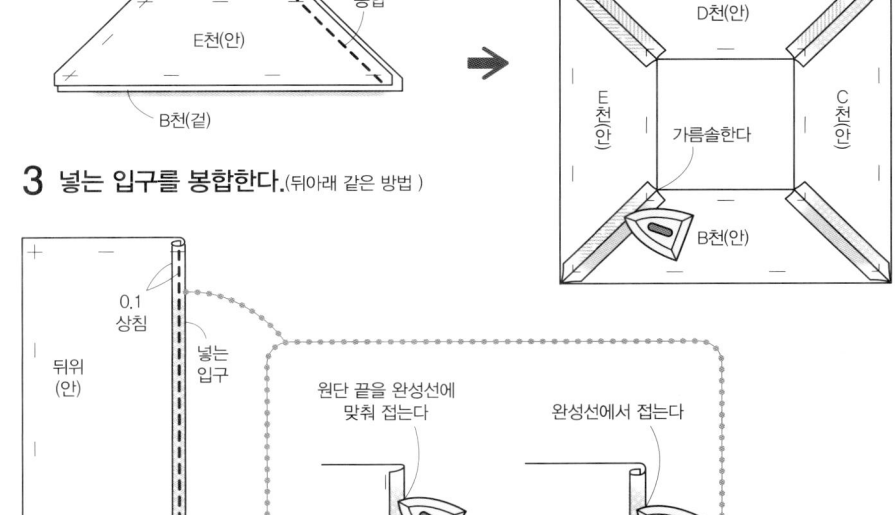

D천(안)
E천(안) 가름솔한다 C천(안)
B천(안)

**2** 앞A천을 맞춰 봉합한다.

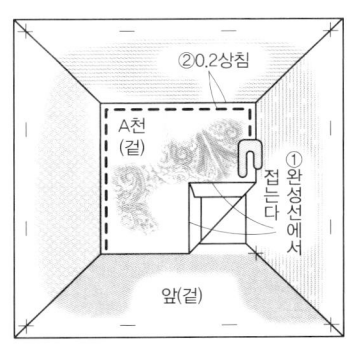

②0.2상침
A천(겉)
①접는다
완성선에서
앞(겉)

**3** 넣는 입구를 봉합한다.(뒤아래 같은 방법)

뒤위(안)
0.1상침
넣는 입구

원단 끝을 완성선에 맞춰 접는다
완성선에서 접는다
(안) (안)

**4** 앞과 뒤를 겹쳐 둘레를 봉합한다.

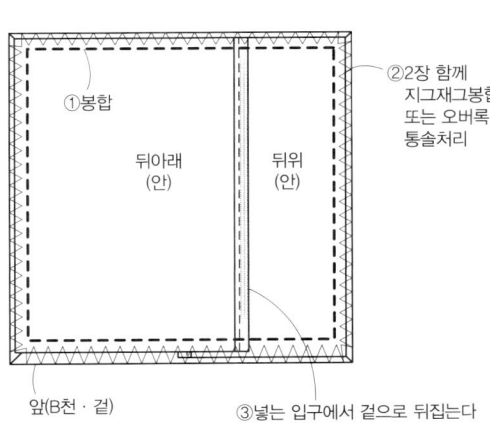

①봉합
뒤아래(안) 뒤위(안)
②2장 함께 지그재그봉합 또는 오버록 통솔처리
앞(B천 · 겉)
③넣는 입구에서 겉으로 뒤집는다

**5** 겉으로 뒤집는다.

앞(겉)

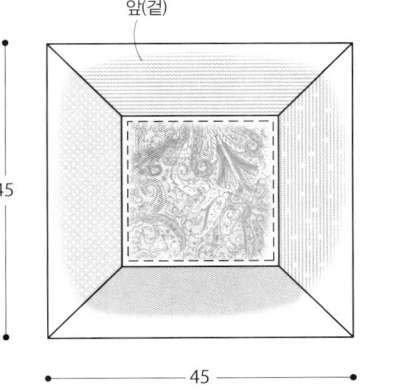

45
45

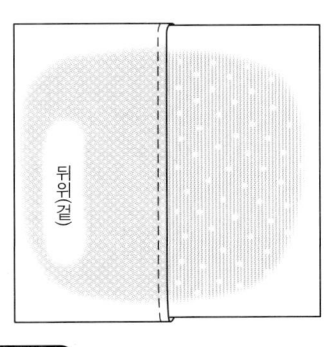

뒤위(겉)

**완성**

◆ 제도에는 시접이 포함되어 있지 않습니다. 모두 1cm의 시접을 주어 원단을 재단해 주세요.

**■ 재료**

A천(코튼 · 스트라이프) 100cm폭 65cm
B천(코튼 · 무지) 50cm폭 50cm
C천(코튼 · 꽃무늬) 15cm폭 20cm
D천(코튼 · 도트 무늬) 15cm폭 20cm

제도

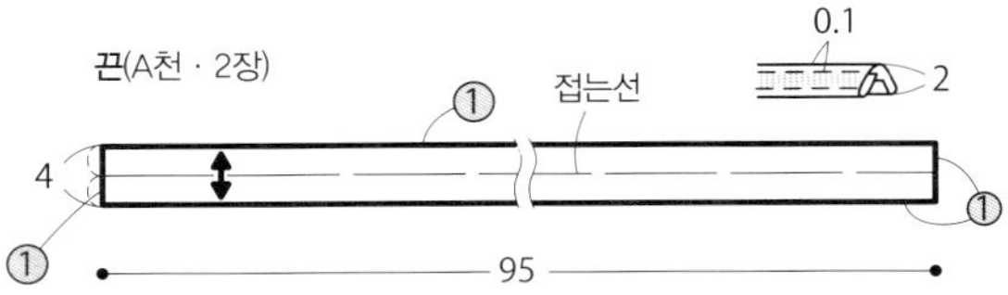

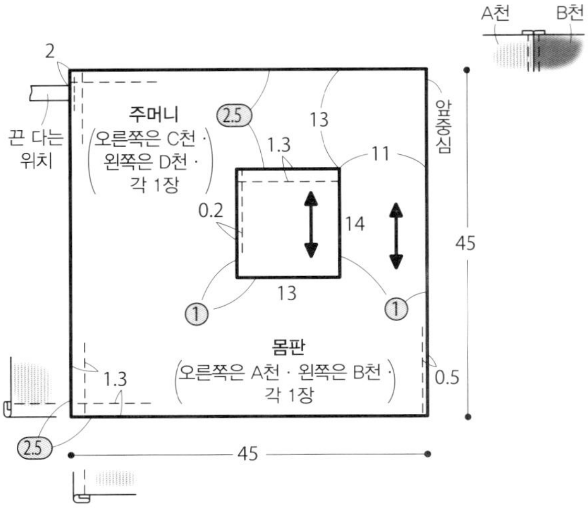

끈(A천 · 2장)
①접는선
0.1
2
4
95
①

A천 B천

2
끈 다는 위치
주머니
(오른쪽은 C천 · 왼쪽은 D천 · 각 1장)
2.5
13
1.3
11
0.2
14
13
①  ①
몸판
(오른쪽은 A천 · 왼쪽은 B천 · 각 1장)
45
0.5
앞중심
1.3
2.5
45

**만드는 방법**

## 1 주머니를 만들어 단다.

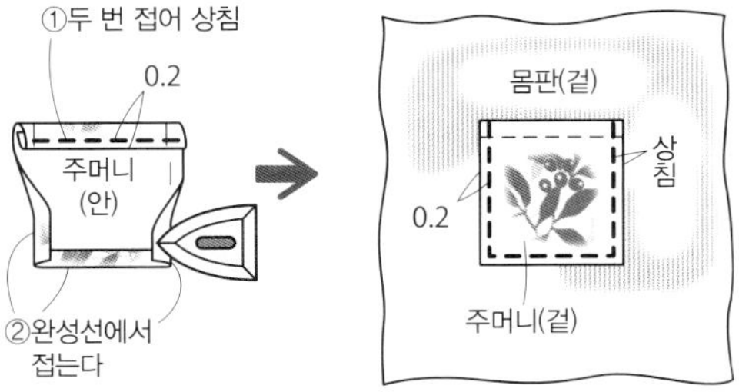

①두 번 접어 상침
0.2
주머니(안)
②완성선에서 접는다

몸판(겉)
0.2
상침
주머니(겉)

## 2 끈을 만든다.

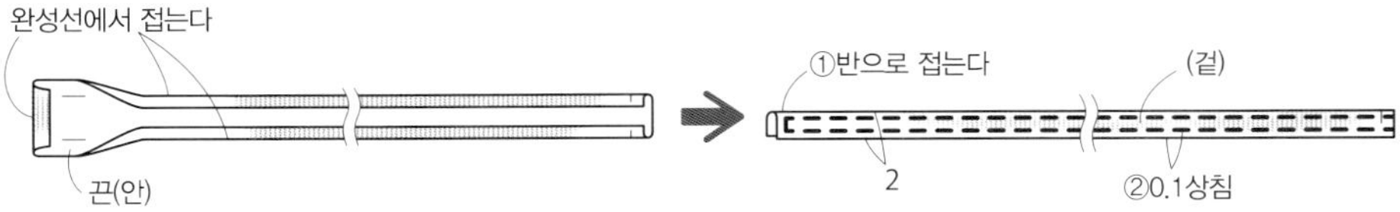

완성선에서 접는다
끈(안)

①반으로 접는다 (겉)
2
②0.1상침

## 3 앞중심을 봉합한다.

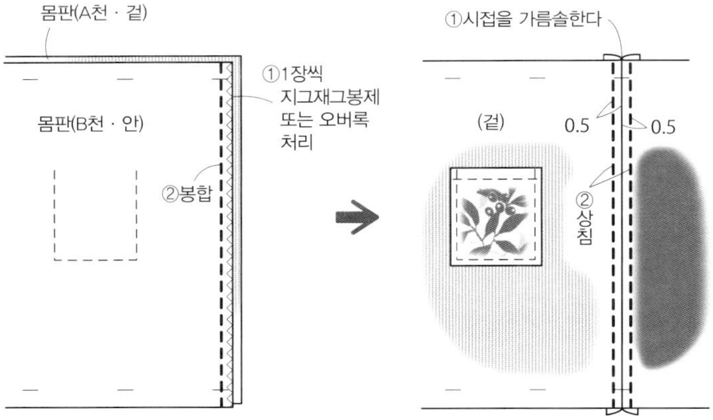

몸판(A천 · 겉)
몸판(B천 · 안)
①1장씩 지그재그봉제 또는 오버록 처리
②봉합

①시접을 가름솔한다
(겉)
0.5  0.5
②상침

**＊ 두 번 접어 봉합하는 방법 ＊**

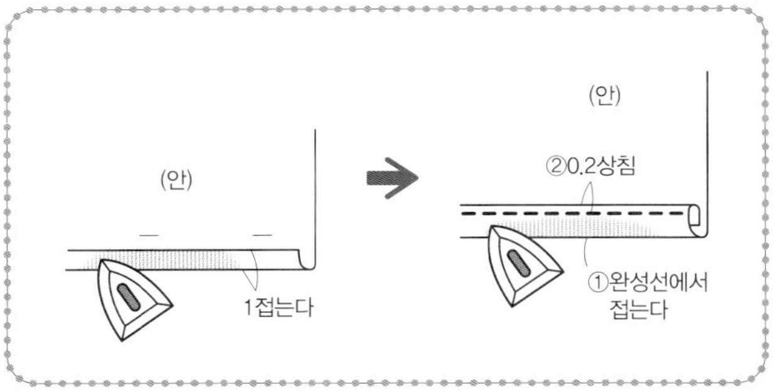

(안)
1접는다

(안)
②0.2상침
①완성선에서 접는다

## 4 둘레를 두 번 접어 봉합하고 마무리한다.

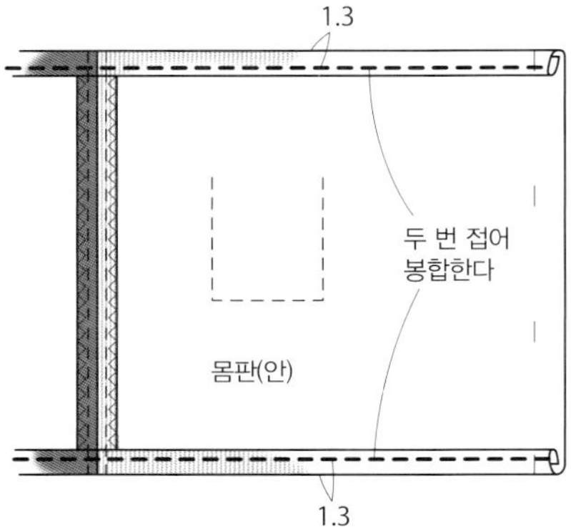

1.3
두 번 접어 봉합한다
몸판(안)
1.3

완성

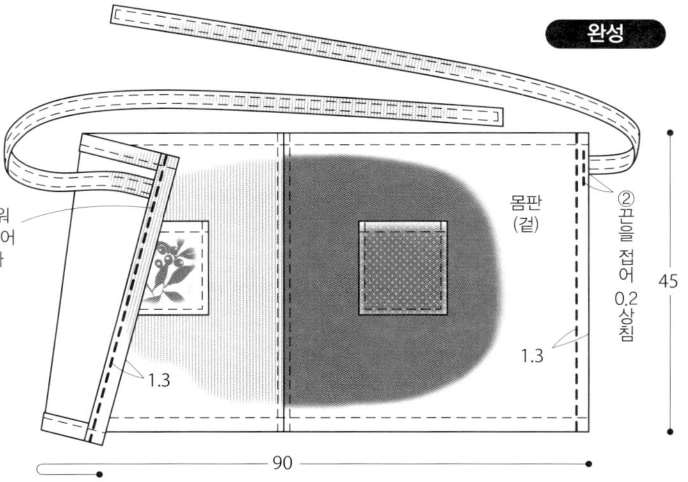

①끈을 끼워 두 번 접어 봉합한다
몸판(겉)
②끈을 접어 0.2상침
45
1.3
90

◆제도에는 시접이 포함되어 있지 않습니다. ○안의 숫자만큼 시접을 주어 원단을 재단해 주세요.

### ■ 재료

A천(코튼 · 체크) 75cm폭 35cm

B천(코튼 · 꽃무늬) 40cm폭 15cm

고무줄(8mm폭) 1m20cm

만드는 방법

**1** 절개선을 봉합한다.

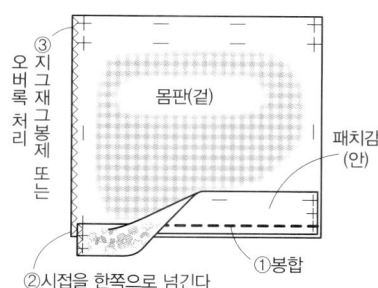

③지그재그봉제 또는 오버록 처리

몸판(겉)

패치감(안)

②시접을 한쪽으로 넘긴다

①봉합

**2** 옆선을 봉합한다.

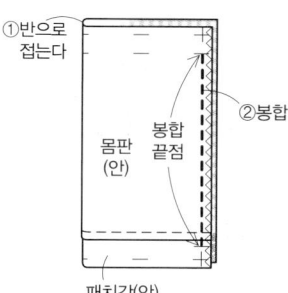

①반으로 접는다

②봉합

몸판(안)

봉합 끝점

패치감(안)

제도

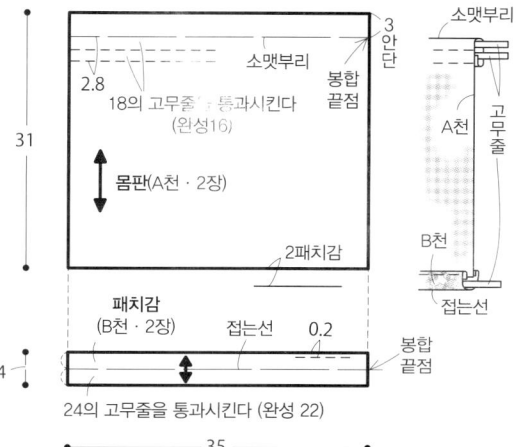

소맷부리

3 안단

소맷부리

봉합 끝점

2.8

18의 고무줄 통과시킨다 (완성16)

몸판(A천 · 2장)

A천

고무줄

B천

접는선

2패치감

31

패치감
(B천 · 2장)    접는선    0.2

봉합 끝점

4

24의 고무줄을 통과시킨다 (완성 22)

35

**3** 위아래를 봉합한다.

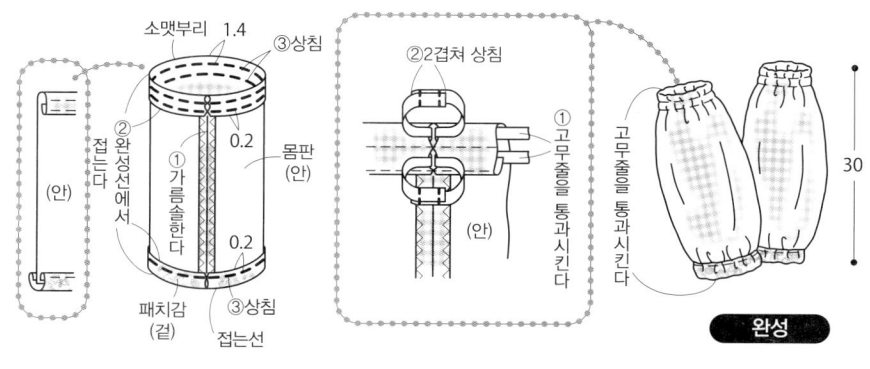

소맷부리   1.4

③상침

②접는다

①완성선에서

①가름솔한다

0.2

몸판(안)

0.2

(안)

②겹쳐 상침

①고무줄을 통과시킨다

(안)

고무줄을 통과시킨다

30

패치감(겉)

접는선

③상침

**4** 고무줄을 통과시킨다.

완성

- - - - - - - - - - - - - - - - - - - - - - - - - - - - - - - -

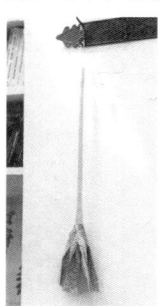

### ■ 재료

A천(코튼 · 체크) 42cm폭 25cm

B천(코튼 · 꽃무늬) 40cm폭 25cm

C천(코튼 · 무지) 40cm폭 25cm

D천(코튼 · 무지) 80cm폭 30cm

E천(코튼 · 꽃무늬) 40cm폭 25cm

둥근 끈(굵기4mm) 20cm

막대기(굵기 약 15mm) 50cm

수예용 본드

만드는 방법

**1** 막대기에 몸판 19장을 균형에 맞춰 붙인다.

**2** 둥근 끈을 단다.

①길이 20의 둥근 끈을 반으로 접는다

3

②본드를 묻혀 붙이고, 실을 감아 고정한다

막대기

**3** 고정천을 붙인다.

완성

약 6

고정천에 본드를 묻혀 감는다

약 72

약 6

(겉)

제도

2.5    2.5

몸판

A천 · 4장
B천 · 3장
C천 · 3장
D천 · 6장
E천 · 3장
합계 19장

25

5

시접 없이 자른다

시접 없이 자른다

고정천(D천 · 2장)

30

5

막대기

막대기

19장을 균형에 맞춰 붙인다

몸판(겉)

3

본드를 묻힌다

몸판(안)

◆ 제도에는 시접이 포함되어 있지 않습니다. 표시되지 않은 곳은 1cm의 시접을 주어 원단을 재단해 주세요.

■ **61 · 62의 재료**
겉감(코튼 · **61**은 꽃무늬 **62**는 무지) 45cm폭 30cm
안감(코튼 · 체크) 65cm폭 30cm
퀼팅솜(두꺼운 것) 45×30cm
●**실물크기 패턴은 75페이지**

**만드는 방법** **1** 바이어스천을 만든다.

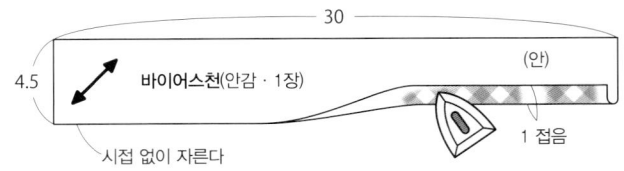

30
4.5
바이어스천(안감 · 1장)
(안)
시접 없이 자른다
1 접음

**2** 천고리를 만든다.

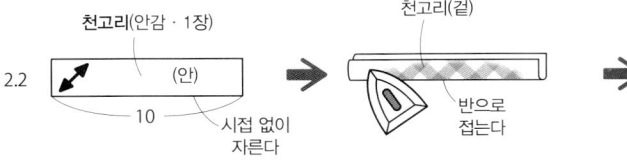

천고리(안감 · 1장)
2.2
(안)
10
시접 없이 자른다

천고리(겉)
반으로 접는다

원단 끝을 접는선에 맞춰 접는다
(안)

①반으로 접는다
②0.1 상침
(겉)
0.5

접는다

**3** 몸판을 만든다.(안감도 같은 방법)

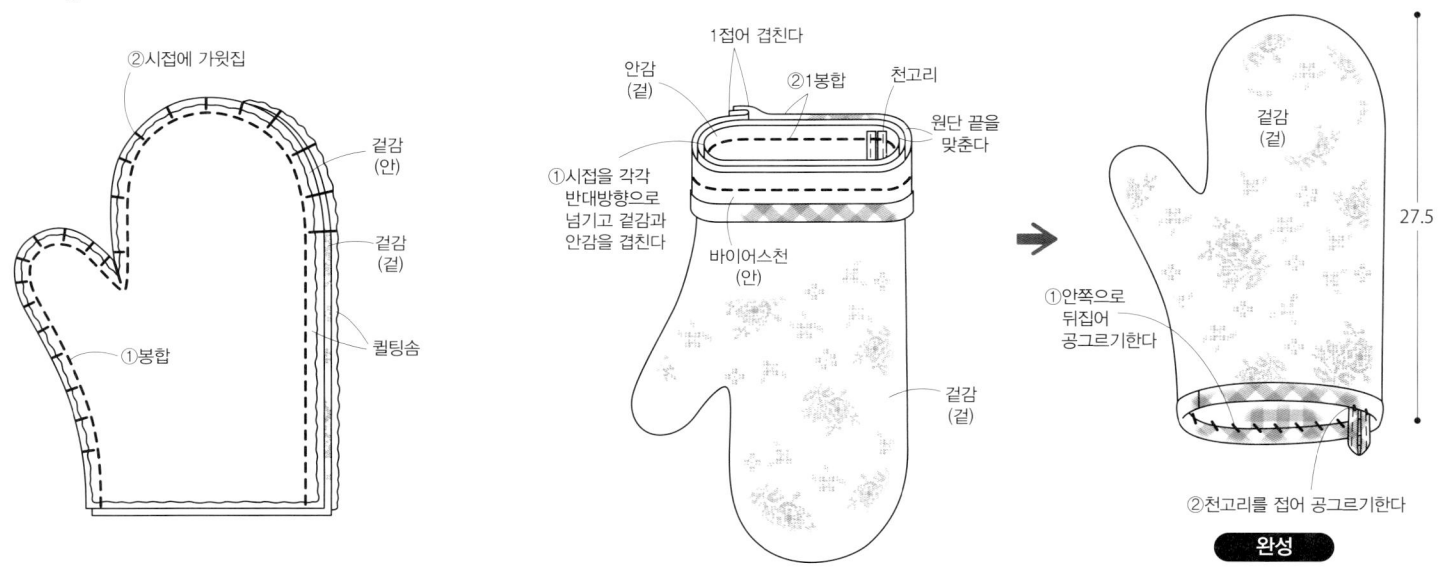

②시접에 가윗집
겉감(안)
겉감(겉)
퀼팅솜
①봉합

**4** 겉감, 안감을 겹치고 넣는 입구를 바이어스 처리한다.

①접어 겹친다
안감(겉)
②1봉합
천고리
원단 끝을 맞춘다
①시접을 각각 반대방향으로 넘기고 겉감과 안감을 겹친다
바이어스천(안)
겉감(겉)

겉감(겉)
27.5
①안쪽으로 뒤집어 공그르기한다
②천고리를 접어 공그르기한다
**완성**

· · · · · · · · · · · · · · · · · · · · · · · · · · · · · · · · · · · · · · · · · · · · · · · · · · · · · · · · · · · · · · · · · · · · · · · · · · · · · · · · · · ·

■ **재료**
A천(코튼 · 꽃무늬) 40×25cm
B천(코튼 · 스트라이프) 25×35cm
퀼팅솜 40×25cm

**제도**

◆ 제도에는 시접이 포함되어 있지 않습니다.
○안의 시접을 주어 원단을 재단해 주세요.

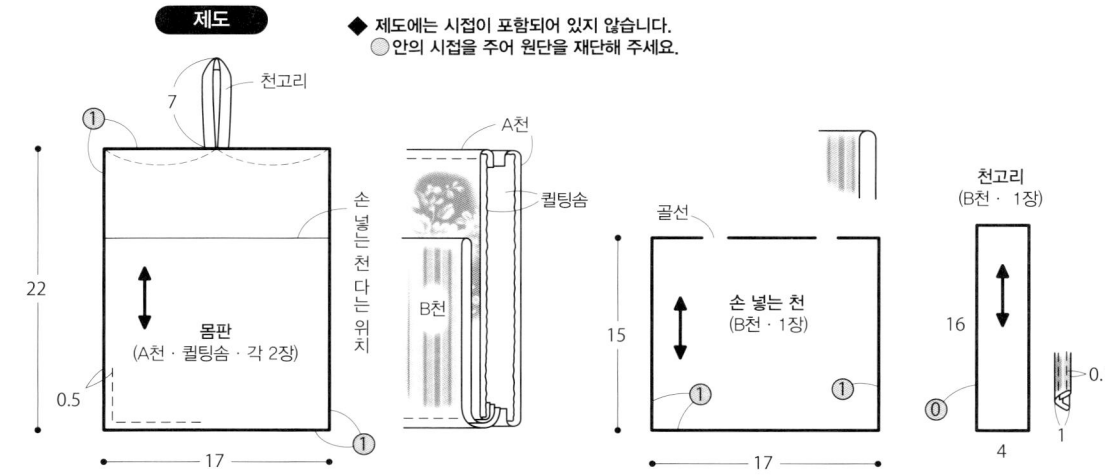

①
7
천고리
①
22
몸판
(A천 · 퀼팅솜 · 각 2장)
0.5
손 넣는 천 다는 위치
17
①

A천
퀼팅솜
B천

골선
손 넣는 천
(B천 · 1장)
15
①
①
17

천고리
(B천 · 1장)
16
0.1
④
1
4

## 61 · 62 실물크기 패턴

◆ 패턴에는 시접이 포함되어 있지 않습니다.
◯ 안의 시접을 주어 원단을 재단해 주세요.

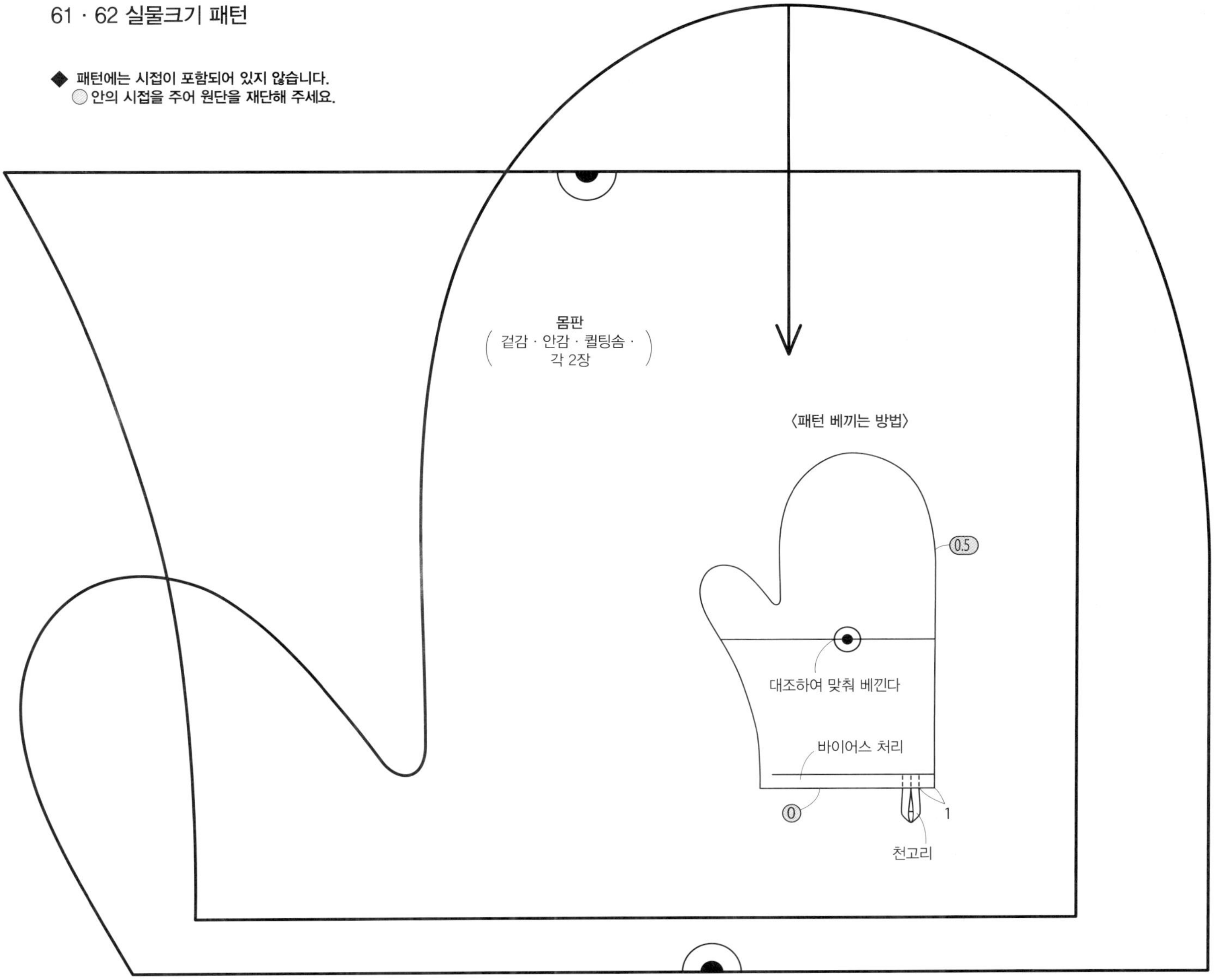

몸판
( 겉감 · 안감 · 퀼팅솜 · 각 2장 )
〈패턴 베끼는 방법〉
0.5
대조하여 맞춰 베낀다
바이어스 처리
0
1
천고리


**만드는 방법** 손 넣는 천 · 천고리를 봉합해 달고, 몸판을 만든다.(천고리 만드는 방법은 74페이지 참고)

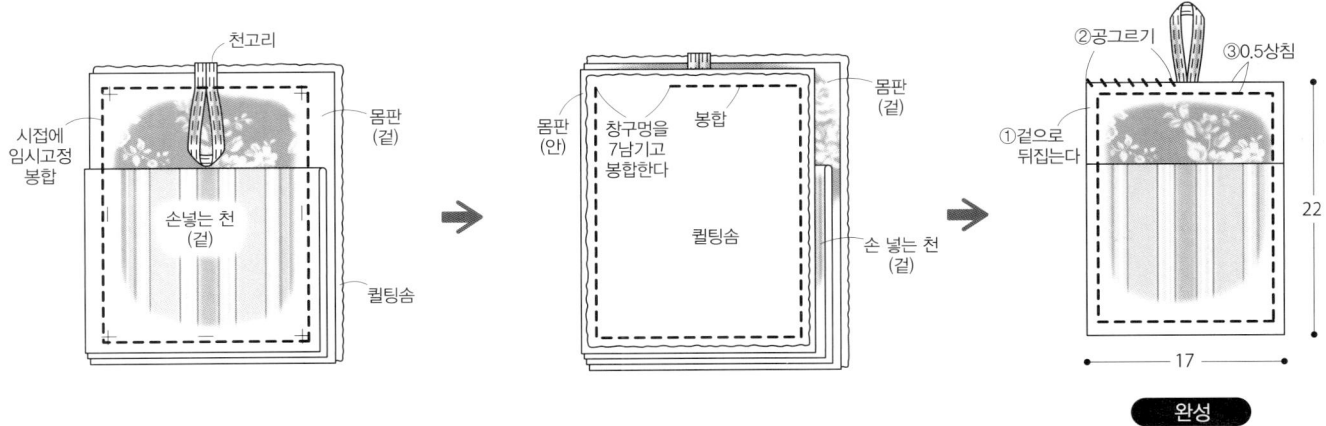

천고리
시접에 임시고정 봉합
몸판 (겉)
손넣는 천 (겉)
퀼팅솜
몸판 (안)
창구멍을 7남기고 봉합한다
봉합
몸판 (겉)
퀼팅솜
손 넣는 천 (겉)
②공그르기
③0.5상침
①겉으로 뒤집는다
22
17
완성

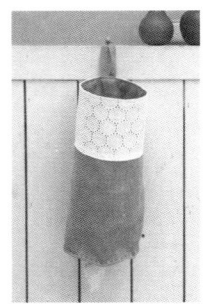

■ **재료**
A천(리넨 · 무지) 85cm폭 35cm
B천(코튼 · 레이스) 15cm폭 40cm
C천(코튼 · 체크) 40cm폭 5cm
자수실 카키
고무줄(6mm폭) 15cm

천고리
(A천 · 1장)

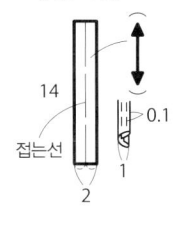

14
접는선
0.1
1
2

**제도**

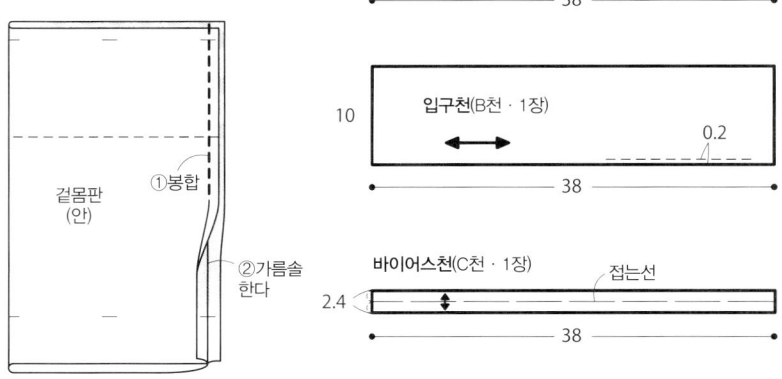

7
0.5
천고리
B천 다는 위치(겉몸판만)
31.5
몸판
(A천 · 2장)
접는선
0.5
손바느질
4.5
꺼내는 입구
1.2 바이어스 처리   고무줄을 통과시킨다   ⓪
38
B천
A천
C천

**만드는 방법**

**1** 겉몸판과 입구천을 맞춰 봉합한다.

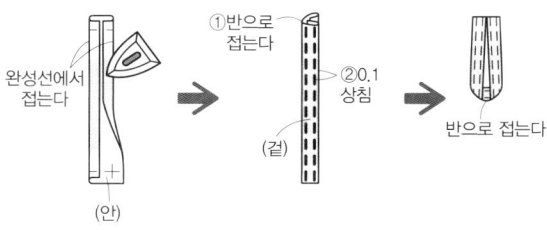

입구천(겉)
①완성선에서 접는다
②0.2상침
겉몸판(겉)

**2** 옆선을 봉합한다.
(안몸판도 같은 방법)

겉몸판(안)
①봉합
②가름솔 한다

입구천(B천 · 1장)
10
0.2
38

바이어스천(C천 · 1장)   접는선
2.4
38

**3** 천고리를 만든다.

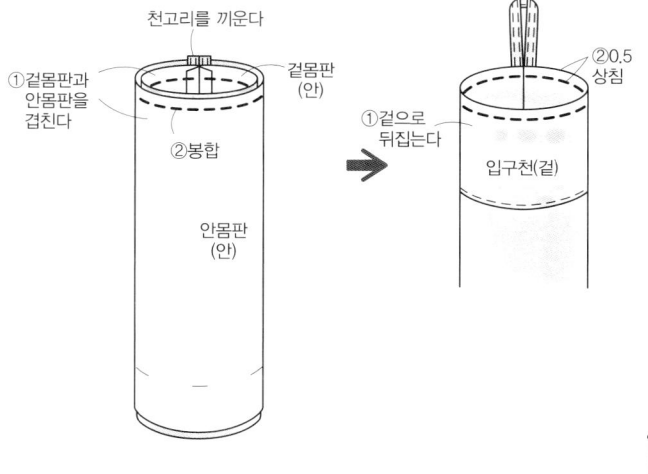

완성선에서 접는다
(안)
①반으로 접는다
②0.1 상침
(겉)
반으로 접는다

**4** 겉몸판과 안몸판을 맞춰 봉합한다.

천고리를 끼운다
겉몸판(안)
①겉몸판과 안몸판을 겹친다
②봉합
안몸판(안)
②0.5 상침
①겉으로 뒤집는다
입구천(겉)

**5** 꺼내는 입구를 바이어스 처리한다.

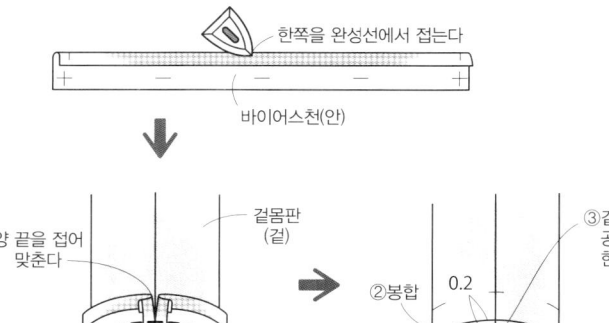

한쪽을 완성선에서 접는다
바이어스천(안)

양 끝을 접어 맞춘다
겉몸판(겉)
바이어스천(안)
1
안몸판(겉)
원단 끝을 맞춰 봉합한다

②봉합 0.2
③겉몸판 쪽만 공그르기 한다
①안몸판 쪽으로 넘긴다
바이어스천(겉)

**6** 접는선을 봉합한다.

겉몸판(겉)
②손바느질(자수실)
0.5
접는선
①안으로 접는다

**7** 고무줄을 통과시킨다.

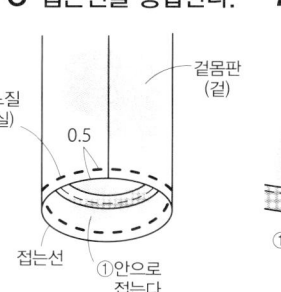

②2겹쳐서 봉합
겉몸판(겉)
①길이 15의 고무줄을 통과시킨다

**완성**

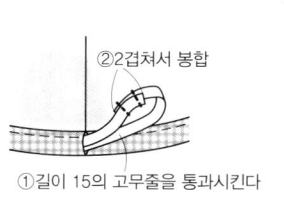

27
지름 약 12

◆ ○ 안의 숫자는 시접양입니다. 표시가 없는 곳은 1cm의 시접을 주어 원단을 재단해 주세요.

**■ 65 · 66 · 67의 재료**(1개 분)

겉감(65는 리넨 · 도트 무늬 66은 코튼 · 무지 67은 코튼 도트 무늬) 40cm폭 20cm

안감(65는 코튼 · 무지 66은 코튼 · 체크 67은 리넨 · 무지)40cm폭 20cm

퀼팅솜 40X20cm

테이프(20mm폭) 55cm

벨크로(20mm폭) 5cm

● 바닥의 실물크기 패턴은 69페이지

**제도**

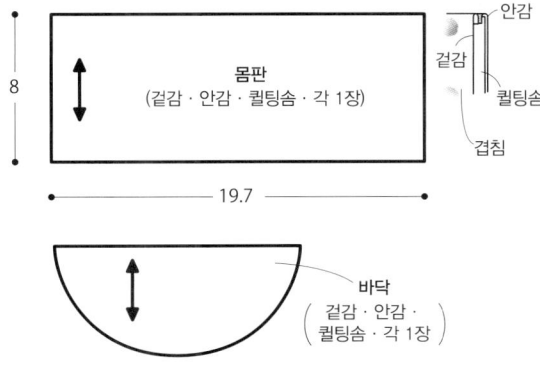

뒤판
(겉감 · 안감 · 각 1장)
퀼팅솜 · 2장

매다는 테이프 다는 위치

2.5 | 2 | 2 | 2.5
2 | | | 2

8

벨크로

0.5 | 1.5
0.2 | 4

1

1.5

13

매다는 테이프 통로
(테이프 2장)

매다는 테이프
안감
벨크로
겉감
퀼팅솜

몸판
(겉감 · 안감 · 퀼팅솜 · 각 1장)

8

19.7

안감
겉감
퀼팅솜
겹침

바닥
겉감 · 안감 ·
퀼팅솜 · 각 1장

**만드는 방법**

**1** 바닥과 몸판을 맞춰 봉합한다.

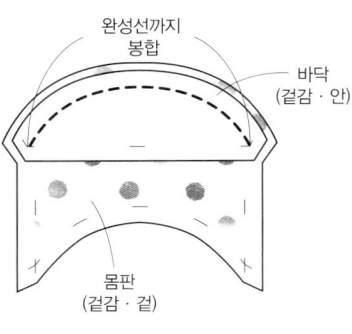

완성선까지 봉합

바닥
(겉감 · 안)

몸판
(겉감 · 겉)

**2** 뒤판을 맞춰 봉합하고 겉몸판을 만든다.

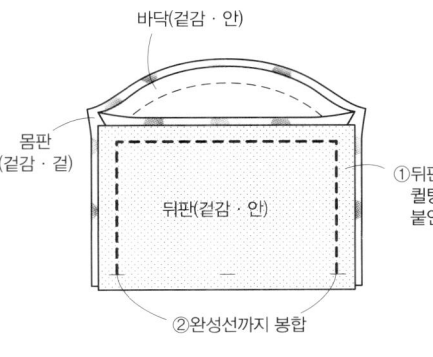

바닥(겉감 · 안)

몸판
(겉감 · 겉)

뒤판(겉감 · 안)

①뒤판에 퀼팅솜을 붙인다

②완성선까지 봉합

**3** 안몸판을 만든다.

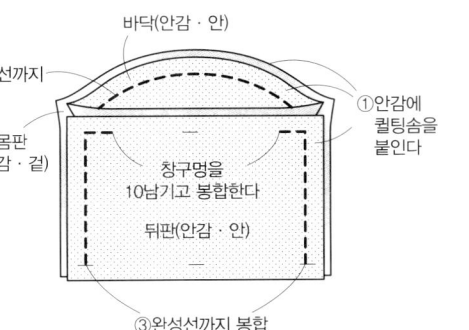

바닥(안감 · 안)

②완성선까지 봉합

몸판
(안감 · 겉)

창구멍을 10남기고 봉합한다

뒤판(안감 · 안)

①안감에 퀼팅솜을 붙인다

③완성선까지 봉합

**4** 시접을 마무리한다.

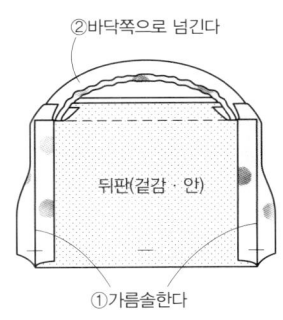

②바닥쪽으로 넘긴다

뒤판(겉감 · 안)

①가름솔한다

**5** 겉몸판과 안몸판을 맞춰 봉합한다.

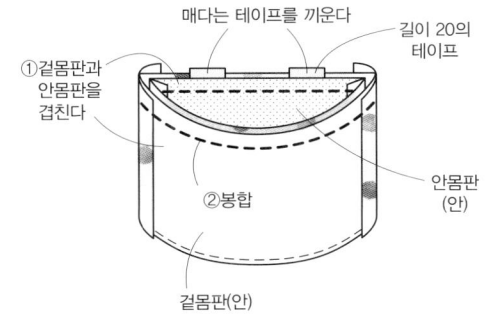

매다는 테이프를 끼운다

①겉몸판과 안몸판을 겹친다

②봉합

겉몸판(안)

길이 20의 테이프

안몸판
(안)

**6** 겉으로 뒤집고 창구멍을 공그르기한다.

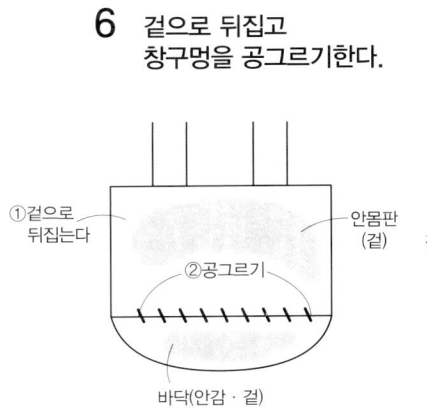

①겉으로 뒤집는다

안몸판
(겉)

②공그르기

바닥(안감 · 겉)

**7** 매다는 테이프를 통과시키고, 벨크로를 단다.

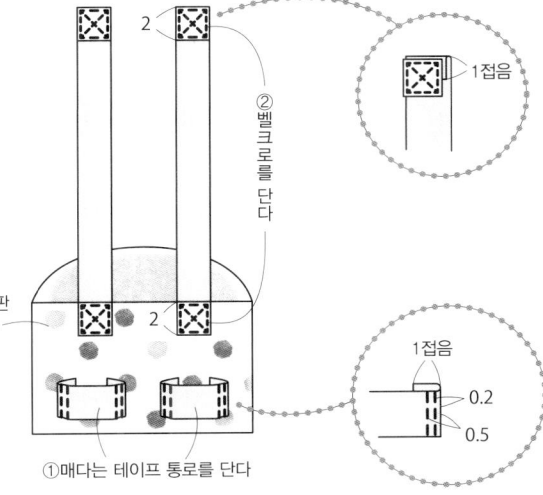

2

②벨크로를 단다

1접음

겉몸판
(겉)

2

①매다는 테이프 통로를 단다

1접음
0.2
0.5

**완성**

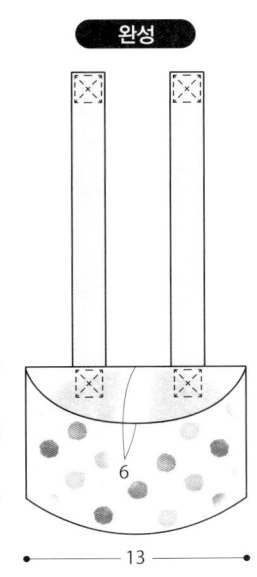

8

6

13

◆ 제도 · 패턴에는 시접이 포함되어 있지 않습니다. 1cm의 시접을 주어 원단을 재단해 주세요.

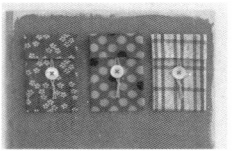

■ **68 · 69 · 70의 재료**(1개 분)
겉감(코튼 · 꽃무늬) 10cm폭 30cm
안감(**68**은 코튼 · 무지 **70**은 코튼 · 꽃무늬) 10cm폭 30cm
　　(**69**는 코튼 · 스트라이프) 30cm폭 10cm
끈(굵기2mm) 20cm
단추(지름20mm) 1개

■ **71 · 72의 재료**(1개 분)
겉감(**71**은 코튼 · 스트라이프 **72**는 코튼 · 무지) 25cm폭 30cm
안감(코튼 · 꽃무늬) 25cm폭 30cm
끈(굵기2mm) 20cm
단추(지름20mm) 1개

**만드는 방법** (68~72공통)

**1** 넣는 입구를 봉합한다.

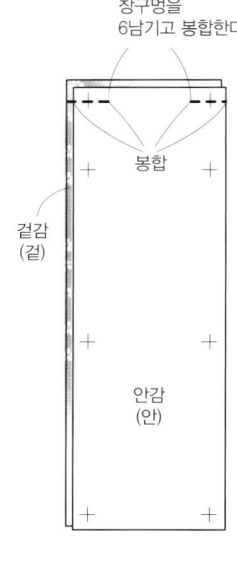

창구멍을
6남기고 봉합한다
봉합
겉감
(겉)
안감
(안)

**2** 겉으로 뒤집고
덮개를 접는다.

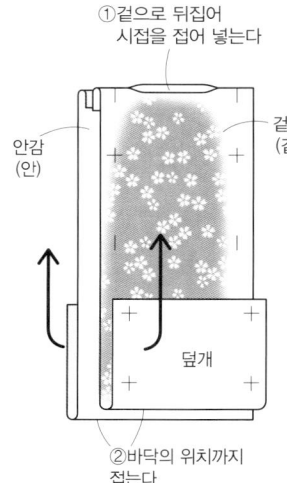

①겉으로 뒤집어
시접을 접어 넣는다
안감
(안)
겉감
(겉)
덮개
②바닥의 위치까지
접는다

**68 · 69 · 70의 제도**

**몸판**(겉감 · 안감 · 각 1장)

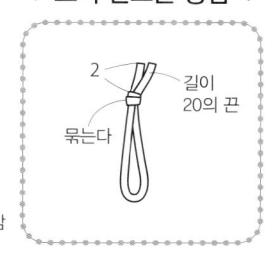

고리 다는 위치
4.5
덮개
접는선
(바닥)
(**69**의
안감만)
5.5
28
8
넣는 입구
안감
겉감

* **고리 만드는 방법** *

2
묶는다
길이
20의 끈

**3** 그림처럼 바닥까지
접고, 둘레를 봉합한다.

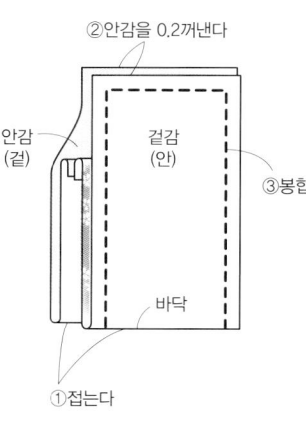

②안감을 0.2꺼낸다
안감
(겉)
겉감
(안)
③봉합
①접는다
바닥

**4** 겉으로 뒤집고,
고리 · 단추를 단다.

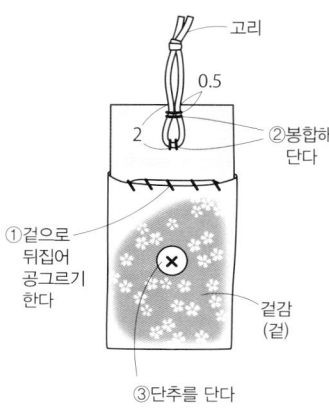

고리
0.5
2
②봉합해
단다
①겉으로
뒤집어
공그르기
한다
겉감
(겉)
③단추를 단다

**71 · 72의 제도**

고리 다는 위치
5.5
접는선
(바닥)
25.5
넣는 입구
6.5
19
몸판
(겉감 · 안감 · 각 1장)
안감
겉감

**68 · 69 · 70**

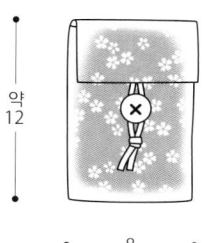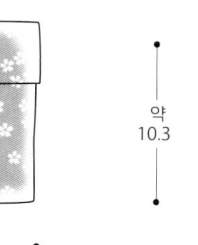

약
12
8

**완성**

**71 · 72**

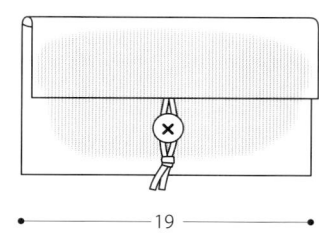

약
10.3
19

◆제도에는 시접이 포함되어 있지 않습니다. 1cm의 시접을 주어 원단을 재단해 주세요.

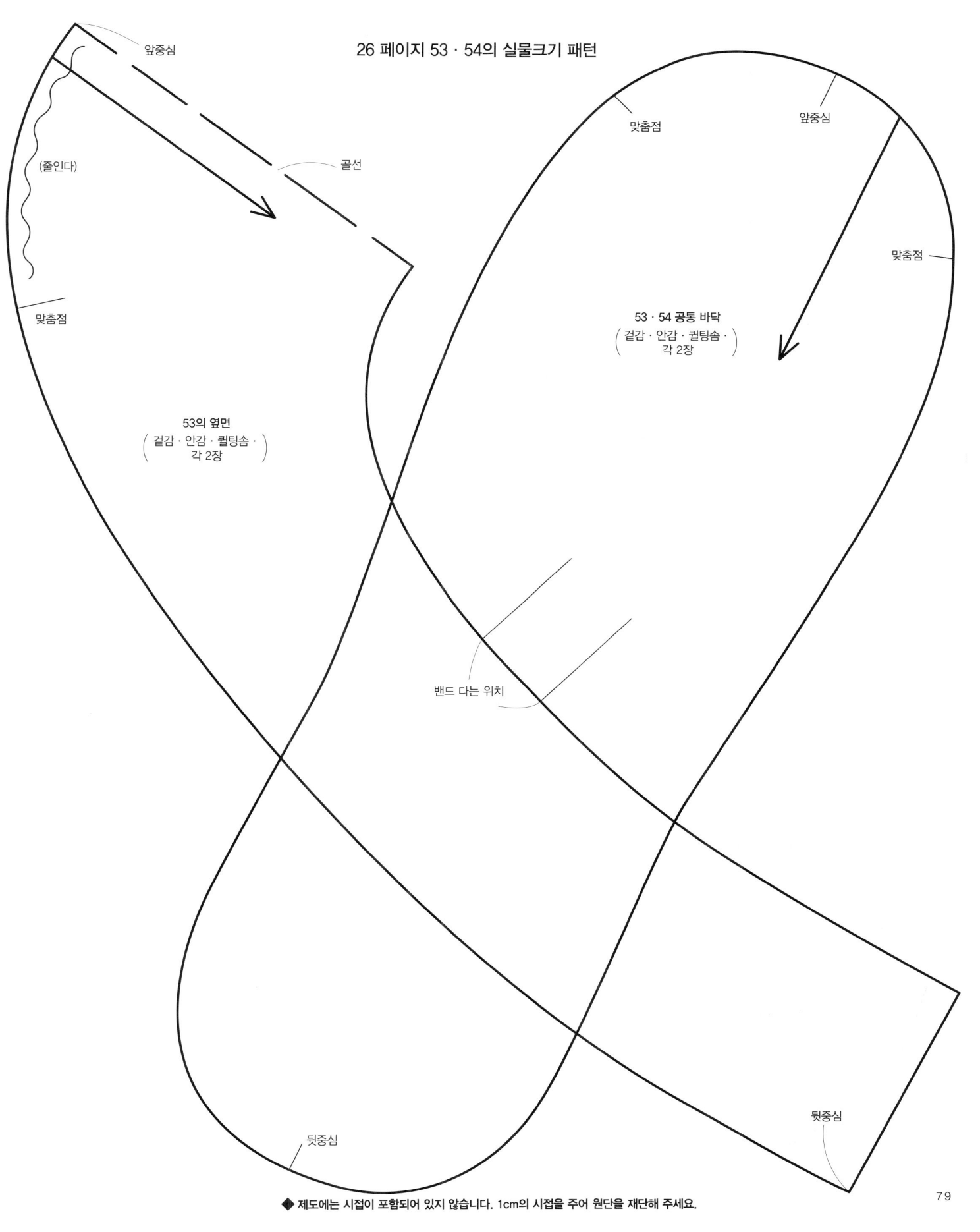

앞중심

(줄인다)

골선

맞춤점

맞춤점

앞중심

맞춤점

53 · 54 공통 바닥
( 겉감 · 안감 · 퀼팅솜 · )
각 2장

53의 옆면
( 겉감 · 안감 · 퀼팅솜 · )
각 2장

밴드 다는 위치

뒷중심

뒷중심

◆ 제도에는 시접이 포함되어 있지 않습니다. 1cm의 시접을 주어 원단을 재단해 주세요.

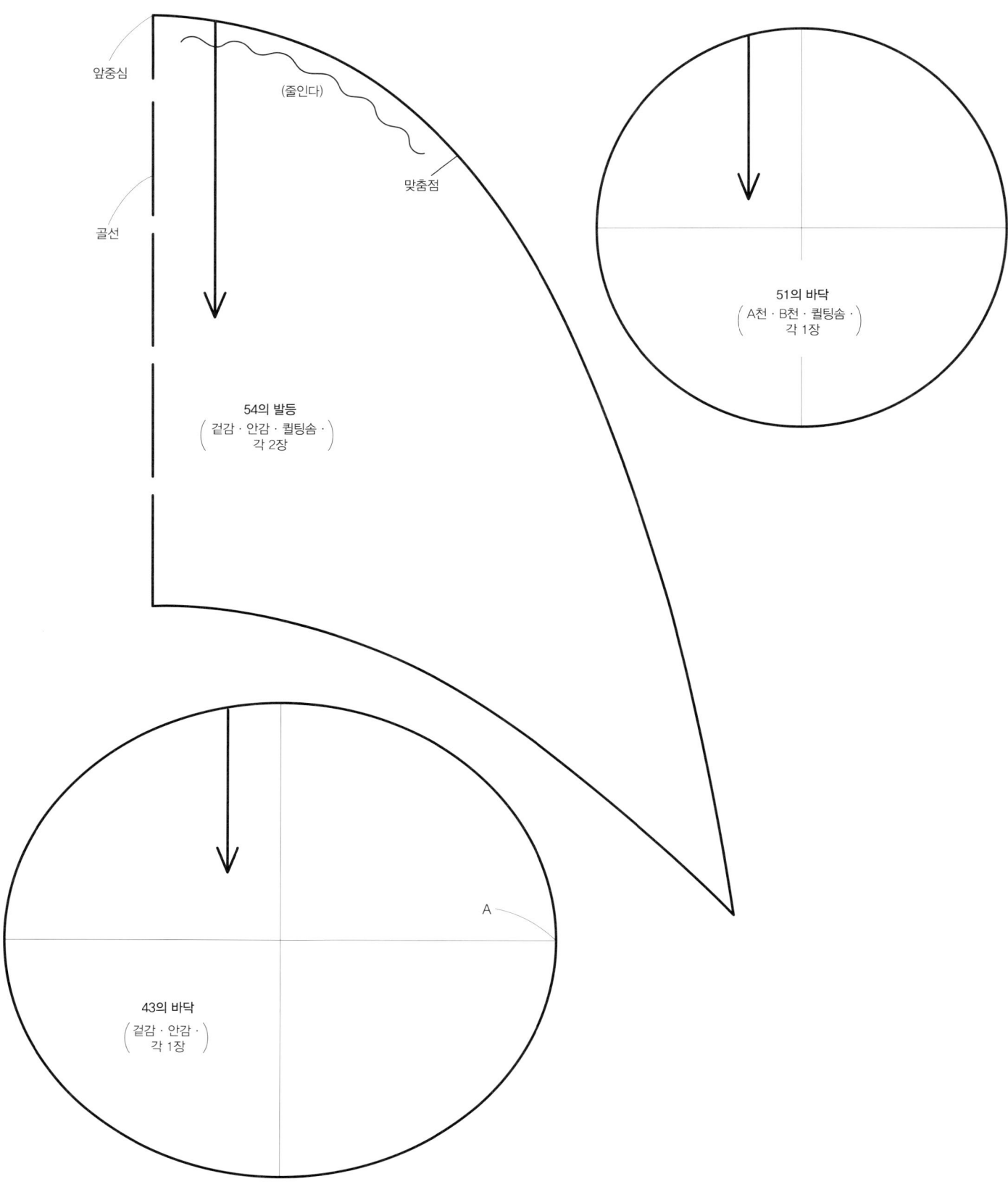

앞중심

(줄인다)

맞춤점

골선

54의 발등
( 겉감 · 안감 · 퀼팅솜 · 각 2장 )

51의 바닥
( A천 · B천 · 퀼팅솜 · 각 1장 )

43의 바닥
( 겉감 · 안감 · 각 1장 )

A

◆ 패턴에는 시접이 포함되어 있지 않습니다. 1cm의 시접을 주어 원단을 재단해 주세요.

# 바느질로 만드는
# 퀼트소잉 소품 72

초판 1쇄 인쇄 2013년 08월 09일
초판 1쇄 발행 2013년 08월 16일
발 행 인 신현호 정용효
기획/제작 임태훈 정미정 국효은
번　　역 손수현
편　　집 이성모

등록번호 제362-2009-7호
등록일자 2009년 5월 26일
발 행 처 (주)코하스 소잉스토리
　　　　 광주광역시 북구 무등로 120 해은빌딩 7층
대표전화 070-4014-3299
팩　　스 062-515-8958
홈페이지 www.sewingstory.com

ISBN 978-89-94710-49-5  13590
판매가 12,000원

※ 잘못 인쇄된 책은 구입처에서 교환해 드립니다.
※ 소잉스토리는 소잉D.I.Y 취미실용서와 잡지를 출간합니다.

Lady Boutique Series No.3432　Amari Nuno de Tsukutta Komono 72 Ten
Copyright ⓒ BOUTIQUE-SHA 2012 Printed in Japan
All rights reserved.
Original Japanese edition published in Japan by BOUTIQUE-SHA.
Korean translation rights arranged with BOUTIQUE-SHA
through DAIJO CRAFT CORP.

이 도서의 국립중앙도서관 출판시도서목록(CIP)은 e-CIP홈페이지
(http://seoji.nl.go.kr)와 국가자료공동목록시스템(http://www.
nl.go.kr/kolisnet)에서 이용하실 수 있습니다.
(CIP제어번호: CIP2013013901)

<Staff >
편집담당 和田尚子　坪明美
촬　　영 藤田律子
북디자인 たけだけいこ（オフィスケイ）
일러스트 たけうちみわ（trifle-biz）

# Magic

## NCC New Premium Sewing Machine
### 뉴 프리미엄 스타일 미싱

*Magic* CC-1861

## 여자이기에 욕심이 난다.
# 전문가를 꿈꾸는 열정 그대로...

'매직'과 함께 전문가를 꿈꾸는 당신을 위한 마술이 시작됩니다.

---

### NCC '매직'만의 **특별한 기능**

| | | |
|---|---|---|
| 소음방진패드 | 개폐식 면판 | 자동 장력 조절시스템 |
| 원스텝 자동 단추구멍 | 패턴 완성 버튼 | 노루발 압력 조절장치 |

### NCC '매직'만의 **편리한 기능**

| | | |
|---|---|---|
| 스타트/스톱 시작/정지버튼 | 후진 재봉버튼 | 바늘 상하 위치 조절버튼 |
| 실채기 안전장치 | 속도조절 슬라이드 | 자동 실끼우기 장치 |

* 깔끔하고 다양한 봉제를 위한 '**편리한 기능**'과 아기가 잠을 자도 작업이 가능한 '**조용한 고품질의 성능**'!

* 미싱이 고장나도 작업을 멈추지 않아도 되는 '**GIVE & TAKE**'의 신개념 A/S시스템!

* 뉴 프리미엄 미싱 '**NCC**'는 대한민국의 소잉문화를 새롭게 만들어 나갑니다.

* 매직은 바느질을 더욱 즐겁게 하는 "18가지 종류의 노루발"을 포함하여 다양한 작품제작을 위한 "20만원 상당"의 사은품을 무료로 증정합니다. (사은품 내용은 상황에 따라 변동될 수 있습니다.)

* **구입 가능한 곳** 온라인 쇼핑몰 – 패션스타트, 심플소잉, NCC  / 오프라인 대리점 – 심플소잉 NCC

홈페이지 **www.ncckorea.co.kr** 문의전화 **1644-5662**

검색창에 **NCC미싱** ▼ 을 쳐보세요.

해피베어스
Happybears all of the sewingDIY

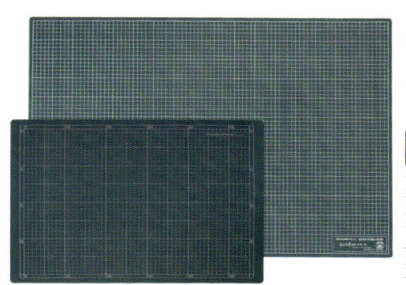

### 해피베어스 컷팅매트
원단전용 재단칼과 함께 사용하세요.
재단을 부드럽고 안전하게 도와주며
재단판의 눈금은 재단시에 치수 확인이
편리합니다.
사이즈 : 60×45cm / 90×62cm (양면)
가격 : 22,000원 / 45,000원
상품코드 : 29-817 / 40-796

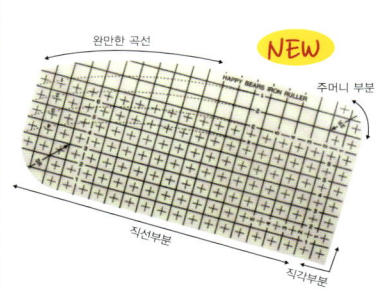
NEW

### 아이론 시접자
직선, 곡선, 각진부분, 주머니부분, 모서리부분,
다양한 시접부분을 정확한 치수체크와 함께
손쉽게 다리미로 한번에 만들 수 있습니다.
이제 쉽고 빠르게 시접처리하세요.
사이즈 : 20×10cm   가격 : 9,000원   상품코드 : 59-218

완만한 곡선
주머니 부분
직선부분
직각부분

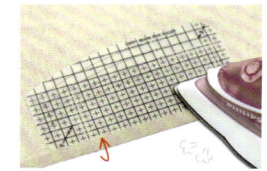

### 스마트 미싱소잉 재단가위
가위의 한쪽 날이 지그재그로 되어있어 일반 원단은
물론 얇고 잘 미끄러지는 원단을 재단 할 때, 원단이
가위에서 잘 빠지지 않도록 원단을 안정적으로 잡아주어
재단하기 편리합니다.
사이즈 : 240mm / 260mm   가격 : 16,500원 / 19,500원
상품코드 : 36-627 / 36-626

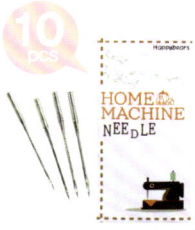

### 가정용 미싱바늘
가정용 미싱에 꼭 필요한 미싱전용바늘!
9호, 11호, 14호, 16호, 18호 5가지 사이즈로,
원단의 두께 및 재질에 맞게 선택하여 바느질하세요.
1팩 : 10개   가격 : 1,600원
상품코드 : 57-131 / 57-134 / 57-133 / 57-132 / 32-059

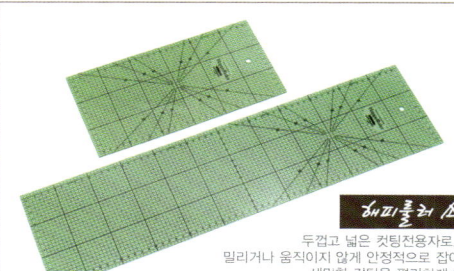

### 해피롤러 소잉컷팅자
두껍고 넓은 컷팅전용자로, 재단시 원단이
밀리거나 움직이지 않게 안정적으로 잡아주어 정확하고
세밀한 컷팅을 편리하게 할 수 있습니다.
사이즈 : 15×30cm / 15×60cm
가격 : 15,000원 / 22,000원
상품코드 : 41-680 / 41-678

〈 구성 〉

기구(1개)   몰드4종(각 1개)   단추 4종(각 50쌍)

### 싸게단추기구 풀세트 (기구+몰드4종+단추4종)
다양한 원단으로 세상에 하나뿐인 단추를 만들어보세요.
규격 : 13mm, 18mm, 25mm, 30mm
가격 : 148,000원
상품코드 : 30-744

### 패브릭 본드(임시고정용)
수용성 재질의 고체 본드풀은 발림성이
좋아 직물에 부드럽게 잘 발라집니다.
직선, 곡선 다양한 부분에 원하는
양만큼 발라 임시고정하여 편리하게
작업하세요.
사이즈 : 2×8.5cm   용량 : 9g × 3개입
가격 : 2,400원   상품코드 : 54-470

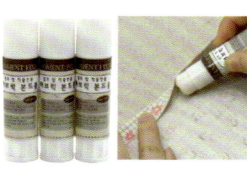

### 시접고정용 집게세트(8개)
상처가 오래 남을 수 있는 니트,
다이마루 등의 원단에 또는 두꺼워서
핀이 잘 꽂히지 않는 원단에 편리하게
사용하세요.
1팩 : 8개   가격 : 1,600원
상품코드 : 49-610

### 패브릭 워셔블매직테이프
봉제전 임시고정으로 편리한 매직테이프!
적당량을 잘라 사용한 후, 물세탁으로
손쉽게 제거되는 수용성재질입니다.
지퍼, 주머니, 바지밑단, 감침질 시에
임시고정하여 편리하게 작업하세요.
종류 : 5mm/20m · 8mm/20m
가격 : 3,500원 / 4,000원   상품코드 : 57-732 / 57-947

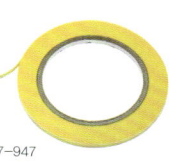

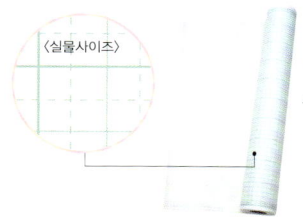
〈실물사이즈〉

### 오눈 홀 부직포 패턴지
패턴을 그릴때 정확한 치수 및 원단
소요량을 예측할 수 있어 편리합니다.
사이즈 : 1롤/51cm × 22yd
가격 : 12,000원
상품코드 : 51-369

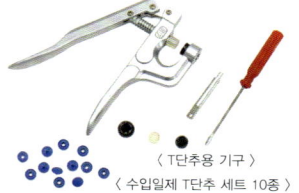

〈 T단추용 기구 〉
〈 수입일제 T단추 세트 10종 〉

### 해피 T단추용기구 & 수입 일제T단추
가볍고 튼튼하며 작업이 편리한 T단추!
유아의류는 물론 기능성 의류에도 잘 어울립니다.
기구 : 25,000원   단추 : 3,000원 / 3,500원 (1팩=10쌍)
상품코드 : 59-390